1회 정답 및 풀이   1

랭데뷰☆수학 평가원 싱크로율 99% 모의고사 1회 - 6평

공통과목

1	③	2	④	3	③	4	②	5	③
6	④	7	④	8	④	9	④	10	③
11	⑤	12	⑤	13	②	14	③	15	①
16	81	17	7	18	2	19	16	20	5
21	40	22	30						

확률과통계

23	④	24	①	25	①	26	④	27	⑤
28	②	29	9	30	108				

미적분

23	③	24	①	25	⑤	26	①	27	④
28	③	29	19	30	100				

기하

23	②	24	③	25	①	26	②	27	③
28	③	29	26	30	40				

풀이

공통과목
[출제자 : 황보백T]

1) 정답 ③

$$(-\sqrt{3})^4 \times 27^{-\frac{1}{3}} = 9 \times \frac{1}{3} = 3$$

2) 정답 ④

$$\lim_{h \to 0} \frac{f(3+h) - f(3)}{h} = f'(3)$$
$$f'(x) = x^3$$
$$f'(3) = 27$$

3) 정답 ③

$\cos^2\theta = \dfrac{9}{25}$ 에서 $\cos\theta = \dfrac{3}{5}$ $\left(\because \dfrac{3}{2}\pi < \theta < 2\pi \right)$

또, $\sin^2\theta + \cos^2\theta = 1$ 에서 $\sin^2\theta = \dfrac{16}{25}$

$\therefore \sin^2\theta + \cos\theta = \dfrac{16}{25} + \dfrac{3}{5} = \dfrac{31}{25}$

KB215901

4) 정답 ②

$$\lim_{x \to -1+} f(x) + \lim_{x \to 2-} f(x) = (-1) + 0 = -1$$

5) 정답 ③

수열 $\{a_n\}$의 첫째항을 a, 공비를 r라 하면

$$ar^6 = 36, \quad \frac{a_{10}}{a_7} = \frac{ar^9}{ar^6} = r^3 = 12$$

$$a_4 = ar^3 = \frac{ar^6}{r^3} = \frac{36}{12} = 3$$

6) 정답 ④

함수 $f(x)$가 실수 전체의 집합에서 연속이므로
$x = 2$에서도 연속이다.
$\therefore \lim\limits_{x \to 2} f(x) = f(2)$
이때 $\lim\limits_{x \to 2} f(x)$가 존재하려면 $\lim\limits_{x \to 2+} f(x) = \lim\limits_{x \to 2-} f(x)$
이어야 하므로 $x \to 2$일 때, 우극한과 좌극한을 각각 구하면
$$\lim_{x \to 2+} f(x) = \lim_{x \to 2+} (ax + b) = 2a + b \cdots \text{㉠}$$
$$\lim_{x \to 2-} f(x) = \lim_{x \to 2-} \frac{1}{2}x = 1 \cdots \text{㉡}$$
㉠=㉡ 이므로
$$2a + b = 1 \cdots \text{㉢}$$
또한 $f(x+4) = f(x)$를 만족하므로 $f(4) = f(0)$
$$\therefore 4a + b = 0 \cdots \text{㉣}$$
㉢, ㉣을 연립하여 풀면
$$a = -\frac{1}{2}, \ b = 2$$
$$\therefore f(x) = \begin{cases} \dfrac{1}{2}x & (0 \leq x < 2) \\ -\dfrac{1}{2}x + 2 & (2 \leq x \leq 4) \end{cases}$$
$$\therefore f(7) = f(3) = -\frac{3}{2} + 2 = \frac{1}{2}$$

7) 정답 ④

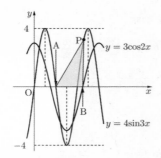

$A\left(\dfrac{\pi}{3},0\right)$, $B\left(\dfrac{3\pi}{4},0\right)$ 이므로 $\overline{AB}=\dfrac{5\pi}{12}$ 이다.

점 P의 y좌표의 최댓값은 4이므로 $\triangle ABP$의 넓이의 최댓값은

$\dfrac{5\pi}{6}$ 이다.

8) 정답 ④

[검토자 : 필재T]

등비수열 $\{a_n\}$의 공비를 r라 하면

$(a_3)^3<0 \;\rightarrow\; (a_1r^2)^3<0 \;\rightarrow\; (a_1)^3\times r^6<0$에서

$r^6>0$이므로 $a_1<0$이다.

$a_4=a_1r^3=16>0$에서 $r<0$이다. …… ㉠

$(a_5)^2-(a_3)^2=960$

$(a_5+a_3)(a_5-a_3)=960$

$\left(16r+\dfrac{16}{r}\right)\left(16r-\dfrac{16}{r}\right)=960$

$256\left(r^2-\dfrac{1}{r^2}\right)=960$

$r^2-\dfrac{1}{r^2}=\dfrac{15}{4}$

$4r^4-15r^2-4=0$

$(4r^2+1)(r^2-4)=0$

$\therefore\; r^2=4$

㉠에서 $r=-2$이고 $a_1=-2$이다.

따라서 $a_2=a_1r=(-2)\times(-2)=4$이다.

9) 정답 ④

함수 $\{f(x)-a\}^2$가 실수 전체의 집합에서 연속이므로

$x=0$에서 연속이다.

따라서 $\displaystyle\lim_{x\to 0-}\{f(x)-a\}^2=1$, $\displaystyle\lim_{x\to 0+}\{f(x)-a\}^2=(a-1)^2$

$1=(a-1)^2$

$a^2-2a=0$

$a>0$이므로 $a=2$

10) 정답 ③

[출제자 : 황보성호T]

삼각형 ABC에서 $\overline{AB}=a$, $\overline{CA}=b$, $\overline{AB}=c$라 하고,

삼각형 ABC의 외접원의 반지름의 길이를 R이라 하자.

삼각형 ABC의 외접원의 넓이가 48π이므로

$\pi R^2=48\pi$에서 $R=4\sqrt{3}$

삼각형 ABC에서 사인법칙에 의하여

$\dfrac{a}{\sin A}=\dfrac{b}{\sin B}=\dfrac{c}{\sin C}=2R$

조건 (가)에서 $\sin A=2\sin B$이므로

$\dfrac{a}{2R}=2\times\dfrac{b}{2R}$

$a=2b$ … ㉠

조건 (나)에서 $\cos A=\cos C$이므로

$a=c$ … ㉡

㉠, ㉡에서 양수 k에 대하여 $b=k$라 하면 $a=c=2k$

삼각형 ABC에서 코사인법칙에 의하여

$\cos A=\dfrac{b^2+c^2-a^2}{2bc}$

$\quad\;\; =\dfrac{k^2+(2k)^2-(2k)^2}{2\times k\times 2k}=\dfrac{1}{4}$

$\sin A=\sqrt{1-\cos^2 A}=\sqrt{1-\left(\dfrac{1}{4}\right)^2}=\dfrac{\sqrt{15}}{4}$

$\dfrac{a}{\sin A}=2R$에서

$2k=\dfrac{\sqrt{15}}{4}\times 8\sqrt{3}$ $\therefore\; k=3\sqrt{5}$

따라서 구하는 삼각형 ABC의 넓이는

$\dfrac{1}{2}bc\sin A=\dfrac{1}{2}\times 3\sqrt{5}\times 6\sqrt{5}\times\dfrac{\sqrt{15}}{4}$

$\qquad\qquad =\dfrac{45\sqrt{15}}{4}$

11) 정답 ⑤

$\displaystyle\lim_{x\to a}\dfrac{f(x)-a}{(x-a)^2}=1$에서 최고차항의 계수가 1인 삼차함수 $f(x)-a$는

$(x-a)^2$을 인수로 갖고 있다.

따라서 $f(x)-a=(x-a)^2(x-b)$라 할 수 있다.

$\displaystyle\lim_{x\to a}\dfrac{f(x)-a}{(x-a)^2}=\lim_{x\to a}\dfrac{(x-a)^2(x-b)}{(x-a)^2}=a-b=1$

$\therefore\; b=a-1$, $f(x)=(x-a)^2(x-a+1)+a$

그러므로 이다.

$f'(x)=2(x-a)(x-a+1)+(x-a)^2$에서 $f'(a)=0$이고

$f(a)=a$이므로

곡선 $y=f(x)$위의 점 $(a, f(a))$에서의 접선의 방정식은

$y=a$이고 y절편 1이므로 $a=1$이다.

따라서 $f(x)=(x-1)^2x+1$이다.

$f(2)=2+1=3$

12) 정답 ⑤

[그림 : 서태욱T]

직선 AB의 방정식을 $y=a(a>0)$라 하고 직선 CD의 방정식을 $y=b\ (b<0)$라 하자.

$y=a$와 두 곡선 $y=\log_2 x,\ y=-\log_2(-x+1)$의 교점의 x좌표를 구해 보자.

$\log_2 x=a,\ x=2^a$

$\therefore\ \mathrm{A}(2^a,\,a)$

$-\log_2(-x+1)=a,\ \log_2(-x+1)=-a,\ -x+1=2^{-a},\ x=1-\dfrac{1}{2^a}$

$\therefore\ \mathrm{B}\left(1-\dfrac{1}{2^a},\,a\right)$

마찬가지로

$y=b$와 두 곡선 $y=\log_2 x,\ y=-\log_2(-x+1)$의 교점의 x좌표를 구해 보면

$\therefore\ \mathrm{C}(2^b,\,b)$

$\therefore\ \mathrm{D}\left(1-\dfrac{1}{2^b},\,b\right)$

이다.

두 점 B, C의 x좌표가 같으므로

$2^b=1-\dfrac{1}{2^a}$ …… ㉠이다.

$\overline{\mathrm{AB}}=2^a+\dfrac{1}{2^a}-1,\ \overline{\mathrm{CD}}=2^b+\dfrac{1}{2^b}-1$

$\overline{\mathrm{AB}}=3\overline{\mathrm{CD}}$에서

$2^a+\dfrac{1}{2^a}-1=3\left(2^b+\dfrac{1}{2^b}-1\right)$ …… ㉡이다.

㉠에서 $2^{a+b}=2^a-1$이고

㉡의 양변에 $\times 2^a$를 하면

$2^{2a}+1-2^a=3\left(2^{a+b}+\dfrac{a^a}{2^b}-2^2\right)$

$2^{2a}+1-2^a=3\left(2^a-1+\dfrac{a^a}{1-\dfrac{1}{2^a}}-2^2\right)$

$2^{2a}-2^a+1=3\left(\dfrac{2^{2a}}{2^a-1}-1\right)$

$2^{2a}-2^a+4=\dfrac{3\times 2^{2a}}{2^a-1}$

$(2^{2a}-2^a+4)(2^a-1)=3\times 2^{2a}$

$2^{3a}-2\times 2^{2a}+5\times 2^a-4=3\times 2^{2a}$

$2^{3a}-5\times 2^{2a}+5\times 2^a-4=0$

$(2^a-4)(2^{2a}-2^a+1)=0$

$\therefore\ 2^a=4,\ a=2$

따라서 $\mathrm{A}(4,\,2),\ \mathrm{B}\left(\dfrac{3}{4},\,2\right)$이므로 선분 AB의 길이는

$4-\dfrac{3}{4}=\dfrac{13}{4}$이다.

13) 정답 ②

$y=\dfrac{1}{2}x^3+x-1$에서 $y'=\dfrac{3}{2}x^2+1>0$이므로 함수

$y=\dfrac{1}{2}x^3+x-1$는 실수 전체의 집합에서 증가한다.

곡선 $y=\dfrac{1}{2}x^3+x-1$는 점 $(2,5)$를 지나므로 구간 $(0,2)$에서

두 곡선 $y=\dfrac{1}{2}x^3+x-1,\ y=mx^2+4$은 교점을 갖는다. 이때

그 교점의 x좌표를 a라 하자.

$A=\displaystyle\int_0^a\left\{(mx^2+4)-\left(\dfrac{1}{2}x^3+x-1\right)\right\}dx$

$B=\displaystyle\int_a^2\left\{\left(\dfrac{1}{2}x^3+x-a\right)-(mx^2+4)\right\}dx$

에서

$A-B$

$=\displaystyle\int_0^a\left\{(mx^2+4)-\left(\dfrac{1}{2}x^3+x-1\right)\right\}dx$

$\quad-\displaystyle\int_a^2\left\{\left(\dfrac{1}{2}x^3+x-a\right)-(mx^2+4)\right\}dx$

$=\displaystyle\int_0^a\left\{(mx^2+4)-\left(\dfrac{1}{2}x^3+x-1\right)\right\}dx$

$\quad+\displaystyle\int_a^2\left\{(mx^2+4)-\left(\dfrac{1}{2}x^3+x-a\right)\right\}dx$

$=\displaystyle\int_0^2\left\{(mx^2+4)-\left(\dfrac{1}{2}x^3+x-1\right)\right\}dx$

$=\displaystyle\int_0^2\left(-\dfrac{1}{2}x^3+mx^2-x+5\right)dx$

$=\left[-\dfrac{1}{8}x^4+\dfrac{m}{3}x^3-\dfrac{1}{2}x^2+5x\right]_0^2$

$=-2+\dfrac{8m}{3}-2+10$

$=\dfrac{8m}{3}+6=2$

$\dfrac{8}{3}m=-4$

$\therefore\ m=-\dfrac{3}{2}$

14) 정답 ③

[그림 : 도정영T]

로그의 정의에 의해

$kn-40>0$에서 $n>\dfrac{40}{k}$ …… ㉠

$-n^2+12n-20>0,\ n^2-12n+20<0,$

$(n-2)(n-10)<0,\ 2<n<10$에서

$3\le n\le 9$ …… ㉡

$\log_2(kn-40)-\log_{\sqrt2}\sqrt{-n^2+12n-20}$

$=\log_2(kn-40)-\log_2(-n^2+12n-20)$

$=\log_2\dfrac{kn-40}{-n^2+12n-20}>1$

에서

$$\frac{kn-40}{-n^2+12n-20} > 2$$

$kn-40 > -2n^2+24n-40$

$2n^2+(k-24)n > 0$

$n(2n+k-24) > 0$

$n < 0$ 또는 $n > \dfrac{24-k}{2}$ ...... ⓒ

㉠, ㉡, ㉢에서

k	$n > \dfrac{40}{k}$	$n > \dfrac{24-k}{2}$	㉠∩㉢	㉠∩㉡∩㉢
5	$n > 8$	$n > \dfrac{19}{2}$	$n > \dfrac{19}{2}$	X
6	$n > \dfrac{20}{3}$	$n > 9$	$n > 9$	X
7	$n > \dfrac{40}{7}$	$n > \dfrac{17}{2}$	$n > \dfrac{17}{2}$	$n=9$
8	$n > 5$	$n > 8$	$n > 8$	$n=9$
9	$n > \dfrac{40}{9}$	$n > \dfrac{15}{2}$	$n > \dfrac{15}{2}$	$n=8, 9$
10	$n > 4$	$n > 7$	$n > 7$	$n=8, 9$
11	$n > \dfrac{40}{11}$	$n > \dfrac{13}{2}$	$n > \dfrac{13}{2}$	$n=7, 8, 9$

따라서 조건을 만족시키는 k의 값은 9, 10으로 합은 19이다.

[다른 풀이]

$kn-40 > -2n^2+24n-40$에서

$f(x)=-2x^2+24x-40$, $g(x)=kx-40$이라 하자.

$f(x) > 0$, $g(x) > 0$, $g(x) > f(x)$을 동시에 만족시키는 자연수 x의
개수가 2이기 위해서는 그림과 같이 $x=8$, $x=9$이어야 한다.

$f(8)=24$, $f(7)=30$이므로 $g(7) \le 30$, $g(8) > 24$이어야 한다.

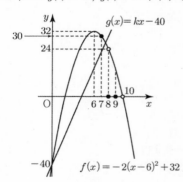

$g(7)=7k-40 \le 30 \to k \le 10$

$g(8)=8k-40 > 24 \to k > 8$

∴ $k=9$, 10으로 합은 19이다.

---

15) 정답 ①

[그림 : 최성훈T]
[검토 : 이진우T]

함수 $g(x)$가 실수 전체의 집합에서 미분가능하므로

$f(0)=-1$, $f'(0)=1$이다.

$f(x)-(x-1)=x^2(x-\alpha)$

∴ $f(x)=x^2(x-\alpha)+x-1=x^3-\alpha x^2+x-1$

이라 할 수 있다.

또, 함수 $g(x)$가 실수 전체의 집합에서 증가하므로

$x < 0$에서 삼차함수 $f(x)$가 극값을 가지면 안된다.

따라서 $x < 0$에서 이차방정식 $f'(x)=0$이 서로 다른 두 실근을 가지면 안된다.

$f'(x)=3x^2-2\alpha x+1=0$에서

(i) (축의 방정식)$=\dfrac{\alpha}{3} < 0$일 때,

　　방정식 $3x^2-2\alpha x+1=0$이 서로 다른 두 실근을 가지지
　　않아야 한다.

　　$\alpha^2-3 \le 0$

　　$-\sqrt{3} \le \alpha \le \sqrt{3}$

　　$-\sqrt{3} \le \alpha \le \sqrt{3}$

　　∴ $-\sqrt{3} \le \alpha < 0$

(ii) (축의 방정식)$=\dfrac{\alpha}{3} \ge 0$일 때,

　　$f'(0)=1 > 0$이므로 $x < 0$에서 해가 존재하지 않는다.
　　따라서 $\alpha \ge 0$이다.

(i), (ii)에서 $\alpha \ge -\sqrt{3}$

그러므로 $f(x)=x^3-\alpha x^2+x-1$ $(\alpha \ge -\sqrt{3})$ ...... ㉠이다.

(나)에서

$h_1(x)=\displaystyle\int_{-k}^{x} g(t)\{|t^2-k^2|+t^2-k^2\}dt$라 하고

$p_1(t)=|t^2-k^2|+t^2-k^2$라 하자.

$p_1(t)=\begin{cases} 2(t+k)(t-k) & (t \le -k, t \ge k) \\ 0 & (-k < t < k) \end{cases}$ 이다.

$h_1'(x)=g(x)p_1(x)$에서 $-k < x < k$에서 $p_1(x)=0$이므로
$-k < x < k$에서 $h_1'(x)=0$이다.

$h_1(-k)=0$이고 모든 실수 x에 대하여 $h_1(x) \ge 0$이기 위해서는
$x \le -k$에서 $h_1'(x) \le 0$, $x \ge k$에서 $h_1'(x) \ge 0$이어야 한다.
...... ㉡

$x \le -k$ 또는 $x \ge k$에서 $p_1(x) \ge 0$이므로 ㉡을 만족시키기 위해서는
$x \le -k$에서 $g(x) \le 0$이고 $x \ge k$에서 $g(x) \ge 0$이어야 한다.

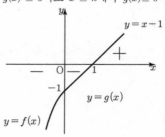

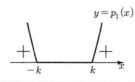

$y = p_1(x)$

x		$-k$		1		k	
$g(x)$	$-$	$-$	$-$	0	$+$	$+$	$+$
$p_1(x)$	$+$	0	0	0	0	0	$+$
$h_1{}'(x)$	$-$	0	0	0	0	0	$+$
$h_1(x)$	$\searrow$	0	$\rightarrow$	$\rightarrow$	$\rightarrow$	0	$\nearrow$

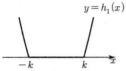

$y = h_1(x)$

따라서 $k \geq 1$이어야 한다. …… ㉢

(나)에서

$h_2(x) = \displaystyle\int_{k+1}^{x} g(t)\{|(t-k)(t-k+1)| - (t-k)(t-k+1)\}dt$라 하고

$p_2(t) = |(x-k)(x-k+1)| - (x-k)(x-k+1)$라 하자.

$p_2(t) = \begin{cases} -2(t-k)(t-k+1) & (k-1 \leq t \leq k) \\ 0 & (t < k-1,\ t > k) \end{cases}$ 이다.

$h_2{}'(x) = g(x)p_2(x)$에서 $t < k-1$ 또는 $t > k$에서 $p_2(x) = 0$이므로

$t < k-1$ 또는 $t > k$에서 $h_2{}'(x) = 0$이다.

$h_2(k+1) = 0$이고 모든 실수 x에 대하여 $h_2(x) \geq 0$이기 위해서는

$k-1 \leq x \leq k$에서 $h_2{}'(x) \leq 0$이어야 한다. …… ㉣

$k-1 \leq x \leq k$에서 $p_2(x) \leq 0$이므로 ㉣을 만족시키기 위해서는

$k-1 \leq x \leq k$ 에서 $g(x) \geq 0$이어야 한다.

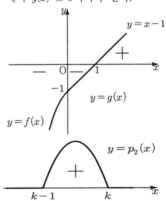

$y = x - 1$

$y = g(x)$

$y = f(x)$

$y = p_2(x)$

x		$k-1$		k		1	$k+1$
$g(x)$	$-$	$-$	$-$	$-$	$-$	0	$+$
$p_2(x)$	0	0	$+$	0	0	0	0
$h_2{}'(x)$	0	0	$-$	0	0	0	0
$h_2(x)$	$\rightarrow$	$\rightarrow$	$\searrow$	0	$\rightarrow$	$\rightarrow$	0

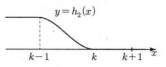

$y = h_2(x)$

따라서 $k \leq 1$이어야 한다. …… ㉤

㉢, ㉤에서 $k = 1$이다.

따라서

$g(-k) = g(-1) = f(-1)$이고 ㉠에서

$g(-k) = -1 - \alpha - 1 - 1 = -3 - \alpha \leq -3 + \sqrt{3}$이다.

16) 정답 81

$\log_5 \{\log_3 (\log_2 x)\} = 1$

$\log_3 (\log_2 x) = 5$

$\log_2 x = 243$

$\therefore\ x = 2^{243}$

$\therefore\ \log_8 x = \dfrac{1}{3}\log_2 2^{243} = 81$

17) 정답 7

$f(x) = \displaystyle\int (x^3 + x)dx = \dfrac{1}{4}x^4 + \dfrac{1}{2}x^2 + C$

$f(0) = 1$에서 $C = 1$이므로

$f(x) = \dfrac{1}{4}x^4 + \dfrac{1}{2}x^2 + 1$이다.

$f(2) = 4 + 2 + 1 = 7$

18) 정답 2

$\displaystyle\sum_{n=1}^{10} \dfrac{a}{n(n+2)} = \dfrac{a}{2}\sum_{n=1}^{10}\left(\dfrac{1}{n} - \dfrac{1}{n+2}\right)$

$\qquad = \dfrac{a}{2}\left\{\left(1 - \dfrac{1}{3}\right) + \left(\dfrac{1}{2} - \dfrac{1}{4}\right) + \cdots + \left(\dfrac{1}{9} - \dfrac{1}{11}\right) + \left(\dfrac{1}{10} - \dfrac{1}{12}\right)\right\}$

$\qquad = \dfrac{a}{2}\left(1 + \dfrac{1}{2} - \dfrac{1}{11} - \dfrac{1}{12}\right)$

$\qquad = \dfrac{a}{2}\left(\dfrac{132 + 66 - 12 - 11}{132}\right) = \dfrac{175}{132}$

$\dfrac{a}{2} = 1$에서

$a = 2$

19) 정답 16

$v(t) = \begin{cases} -\left(t - \dfrac{k}{2}\right)^2 + \dfrac{k^2}{4} + 2 - k & (0 \leq t \leq k) \\ kt - k^2 + 2 - k & (t > k) \end{cases}$

$0 \leq t \leq k$에서 속도 $v(t)$는 $t = \dfrac{k}{2}$일 때 최댓값을 갖고 $t = k$일 때 최솟값을 갖는다.

$v(k)=2-k$이므로 속도 $v(t)$는 최솟값 $2-k$을 갖는다.
따라서 점 P의 운동 방향이 바뀌지 않기 위해서는
$2-k \geq 0$이어야 한다.
$\therefore \ 0 < k \leq 2$
즉, k의 최댓값은 2이다.

$$v(t)=\begin{cases} -t^2+2t \ (0 \leq t \leq 2) \\ 2t-4 \quad (t > 2) \end{cases}$$

이므로
점 P가 $t=0$에서 $t=4$까지 점 P가 움직인 거리는

$$a=\int_0^4 |v(t)|dt$$

$$=\int_0^2 (-t^2+2t)dt + \int_2^4 (2t-4)dt$$

$$=\left[-\frac{1}{3}t^3+t^2\right]_0^2 + \left[t^2-4t\right]_2^4$$

$$=\frac{4}{3}+4=\frac{16}{3}$$

따라서 $3a=16$

20) 정답 5
[그림 : 배용제T]
함수 $y=a\sin 2x+b$의 그래프는 최댓값이 $a+b$, 최솟값이
$-a+b$이고 주기가 π이므로 다음 그림과 같다.

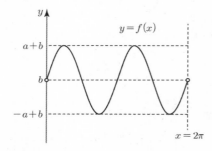

따라서 $0 < x < 2\pi$에서 곡선 $y=a\sin 2x+b$와 직선 $y=k$이
만나는 점의 개수는 2 또는 3 또는 4가 가능하다.
$n(A \cup B \cup C)=6$에서 세 직선 $y=0$, $y=4$, $y=8$와 만나는 점의
개수를 각각 p, q, r이라 하자.
$p+q+r=6$이기 위해서는 세 직선 $y=0$, $y=4$, $y=8$와 만나는
점의 개수가 0, 2, 4중 하나의 값이 되어야 한다.

(i) 최솟값이 0인 경우

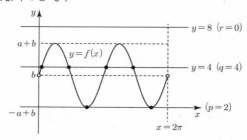

$p=2$, $q=4$, $r=0$이어야 하므로

$-a+b=0$, $a+b$의 값은 8보다 작은 정수이어야 하고
$b \neq 4$이다.
$a=3$, $b=3$뿐이다.
따라서 $(3, 3)$

(ii) 최댓값이 8인 경우

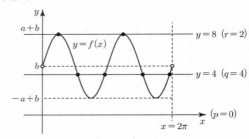

$p=0$, $q=4$, $r=2$이어야 하므로
$a+b=8$, $-a+b$의 값은 0보다 큰 정수이어야 하고
$b \neq 4$이다.
$a=3$, $b=5$이다.
따라서 $(3, 5)$

(iii) 최댓값이 4인 경우

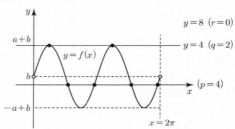

$p=4$, $q=2$, $r=0$이어야 하므로
$a+b=4$, $-a+b$의 값은 0보다 작은 정수이어야 하고
$b \neq 0$이다.
$-a+b=-2$일 때, $a=3$, $b=1$
따라서 $(3, 1)$

(iv) 최솟값이 4인 경우

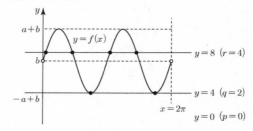

$p=0$, $q=2$, $r=4$이어야 하므로
$-a+b=4$, $a+b=$의 값은 8보다 큰 정수이어야 하고
$b \neq 8$이다.
$a+b=10$일 때, $a=3$, $b=7$이다.
$a+b=14$일 때, $a=5$, $b=9$이다.
따라서 $(3, 7)$, $(5, 9)$

(i)~(iv)에서
순서쌍 (a, b)의 개수는 5이다.

[랑데뷰팁]
(iv)에서 $a+b=12$일 때, $a=4$, $b=8$이다.
그런데 이때 $y=4\sin 2x+8$ $(0<x<2\pi)$에서 $y=8$과의 교점의
개수가 3이므로 조건에 맞지 않는다.

21) 정답 40
[그림 : 배용제T]
최고차항의 계수가 -1이고 $f(0)=0$인 사차함수 $f(x)$는 (가)에서
$x=3$에서 극댓값을 가지므로 $f'(3)=0$이다.
(나)에서 사차함수 $f(x)$는 극댓값 2개와 극솟값 1개를 갖는
그래프 개형이어야 하고 극댓값 중 하나가 -1이다.
따라서 $f'(2)=0$에서 사차함수 $f(x)$는 $x=2$에서 극값을 갖는다.

(i) 함수 $f(x)$의 그래프 개형은 다음과 같을 때,

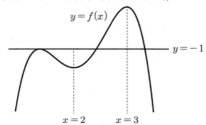

$f(0) \le -1$이므로 $f(0)=0$이라는 조건에 모순이다.

(ii) 함수 $f(x)$의 그래프 개형은 다음과 같을 때,

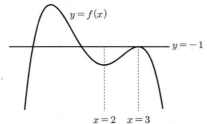

모든 조건을 만족시킬 수 있다.
따라서
$f(x)=(x-3)^2(-x^2+ax+b)-1$
$f(0)=9b-1=0$에서 $b=\dfrac{1}{9}$

$f(x)=(x-3)^2\left(-x^2+ax+\dfrac{1}{9}\right)-1$에서

$f'(x)=2(x-3)\left(-x^2+ax+\dfrac{1}{9}\right)+(x-3)^2(-2x+a)$이고

$f'(2)=-2\left(-4+2a+\dfrac{1}{9}\right)+(-4+a)=0$

$8-4a-\dfrac{2}{9}-4+a=0$

$-3a=-\dfrac{34}{9}$

$a=\dfrac{34}{27}$

$\therefore f(x)=(x-3)^2\left(-x^2+\dfrac{34}{27}x+\dfrac{1}{9}\right)-1$

$f(1)=4\left(-1+\dfrac{34}{27}+\dfrac{1}{9}\right)-1=4\times\dfrac{-27+34+3}{27}-1$

$\qquad =\dfrac{40}{27}-1=\dfrac{13}{27}$

$p=27$, $q=13$이므로 $p+q=40$이다.

22) 정답 30
$a_2=2a_1$이고 $\log_2 n$의 값이 자연수가 되는 자연수 n의 값은
$2, 4, 8, 16, \cdots$이다.
$a_3=a_2-a_1=a_1$ …… ㉠
$a_5=a_4-2a_2$ …… ㉡
$a_9=a_8-3a_3$ …… ㉢
$a_{17}=a_{16}-4a_4$ …… ㉣

a_1	a_2	a_3	a_4	a_5	a_6	a_7	a_8	a_9	a_{10}
a_1	$2a_1$	a_1 $\because$ ㉠	$2a_1$	$-2a_1$ $\because$ ㉡	$-a_1$	0	a_1	$-2a_1$ $\because$ ㉢	$-a_1$

a_{11}	a_{12}	a_{13}	a_{14}	a_{15}	a_{16}	a_{17}	a_{18}	a_{19}	a_{20}
0	a_1	$2a_1$	$3a_1$	$4a_1$	$5a_1$	$-3a_1$ $\because$ ㉣	$-2a_1$	$-a_1$	0

따라서
$m_1=7$, $m_2=11$, $m_3=20$이다.
$a_{m_1+m_2}=m_3$에서 $a_{18}=20$이므로 $-2a_1=20$에서 $a_1=-10$이다.
따라서 $a_{17}=-3a_1=30$

확률과통계

[출제자:황보백T]

23) 정답 ④
6개의 문자를 모두 나열하는 경우의 수는 6개의 문자 중 a가
3개인 같은 것이 있고 b가 2개인 같은 것이 있는 순열의

경우의 수와 같으므로 $\dfrac{6!}{3!\,2!}=\dfrac{6\times5\times4}{2\times1}=60$

24) 정답 ①
두 주머니에서 각각 하나의 카드를 꺼내는 전체 경우의 수는
$3\times5=15$
두 주머니에서 각각 임의로 한 장씩 꺼낸 두 장의 카드에 적힌
수의 차가 3인 경우는
$(1,\ 4)$, $(2,\ 5)$로 2가지
두 주머니에서 각각 임의로 한 장씩 꺼낸 두 장의 카드에 적힌
수의 차가 4인 경우는

(1, 5)로 1가지

따라서 총 3가지

그러므로 구하고자 하는 확률은 $\dfrac{3}{15}=\dfrac{1}{5}$

25) 정답 ①

6의 약수가 나온 횟수를 x, 6의 약수가 아닌 수가 나온 횟수를 y라 하자.

$x+y=5,\ 2x-y=-2$

에서 $x=1,\ y=4$이다.

6의 약수가 나올 확률은 $\dfrac{2}{3}$, 6의 약수가 나오지 않을 확률은

$\dfrac{1}{3}$이므로

점 P의 좌표가 -2일 확률은

$_5C_1\left(\dfrac{2}{3}\right)^1\left(\dfrac{1}{3}\right)^4=\dfrac{10}{243}$ 이다.

26) 정답 ④

다항식 $(ax+1)^6$의 전개식의 일반항은 $_6C_r(ax)^r$이다.

x의 계수 $_6C_1 a$와 x^3의 계수 $_6C_3 a^3$이 같으므로

$6a=20a^3$

$a\neq0$이므로 $20a^2=6$

$\therefore a^2=\dfrac{3}{10}$

한편, $(ax+1)^6$의 x^2의 계수는

$_6C_2(ax)^2 1^4=15a^2x^2=15\times\dfrac{3}{10}x^2=\dfrac{9}{2}x^2$

27) 정답 ⑤

①	②	③	④	⑤	⑥	⑦

조건 (가)에서 양끝에는 숫자가 나와야 하므로 ①과 ⑦에는 숫자 1, 2 중에서 중복을 허락하여 나열하면 되고 이때 경우의 수는 $2^2=4$

조건 (나)에서 $b,\ c$는 한 번만 쓸 수 있으므로 ②, ③, ④, ⑤, ⑥ 중에서 $b,\ c$가 들어갈 자리를 선택하는 경우의 수는 $_5P_2=20$

나머지 자리에는 $b,\ c$를 제외한 1, 2, a를 중복허락하여 나열하면 되므로 $3^3=27$

따라서 구하는 경우의 수는 $4\times20\times27=2160$가 된다.

28) 정답 ②

[출제자 : 김진성T]

[검토 : 최혜권T]

A(앞,뒤)이고 $A(a,b)\overset{\text{확률}}{\underset{\text{확률}}{\rightleftarrows}}A(a',b')$ 이라 하자.

1회 시행시 각각의 확률은

$A(0,5)\overset{\frac{5}{5}}{\underset{\frac{1}{5}}{\rightleftarrows}}A(1,4)\overset{\frac{4}{5}}{\underset{\frac{2}{5}}{\rightleftarrows}}A(2,3)\overset{\frac{3}{5}}{\underset{\frac{3}{5}}{\rightleftarrows}}A(3,2)\overset{\frac{2}{5}}{\underset{\frac{4}{5}}{\rightleftarrows}}A(4,1)\overset{\frac{1}{5}}{\underset{\frac{5}{5}}{\rightleftarrows}}A(5,0)$

과 같다.

$$A(1,4)\begin{cases}\nearrow A(0,5)\to A(1,4)\\\searrow A(2,3)\to A(1,4)\\\qquad\qquad\searrow A(3,2)\end{cases}$$

$$A(3,2)\begin{cases}\nearrow A(2,3)\begin{cases}\nearrow A(1,4)\\\to A(3,2)\end{cases}\\\searrow A(4,1)\begin{cases}\to A(3,2)\\\searrow A(5,0)\end{cases}\end{cases}$$

$A(1,4)\xrightarrow{\text{2회}}A(1,4)\ \left\{p_1=\dfrac{13}{25}\right\}$ $A(1,4)\xrightarrow{\text{2회}}A(3,2)\ \left\{p_2=\dfrac{12}{25}\right\}$

$A(3,2)\xrightarrow{\text{2회}}A(1,4)\ \left\{p_3=\dfrac{6}{25}\right\}$ $A(3,2)\xrightarrow{\text{2회}}A(5,0)\ \left\{p_4=\dfrac{2}{25}\right\}$

$A(3,2)\xrightarrow{\text{2회}}A(3,2)\ \left\{p_5=\dfrac{17}{25}\right\}$

임을 이용해 보자.

첫째, 6회 시행후 A(1,4)되는 경우 (확률 P)

1) $A(1,4)\xrightarrow[p_1]{\text{2회}}A(1,4)\xrightarrow[p_1]{\text{2회}}A(1,4)\xrightarrow[p_1]{\text{2회}}A(1,4)$

$\therefore p_1\times p_1\times p_1=\dfrac{13^3}{5^6}$

2) $A(1,4)\xrightarrow[p_1]{\text{2회}}A(1,4)\xrightarrow[p_2]{\text{2회}}A(3,2)\xrightarrow[p_3]{\text{2회}}A(1,4)$

$\therefore p_1\times p_2\times p_3=\dfrac{13\times12\times6}{5^6}$

3) $A(1,4)\xrightarrow[p_2]{\text{2회}}A(3,2)\xrightarrow[p_3]{\text{2회}}A(1,4)\xrightarrow[p_1]{\text{2회}}A(1,4)$

$\therefore p_2\times p_3\times p_1=\dfrac{12\times6\times13}{5^6}$

4) $A(1,4)\xrightarrow[p_2]{\text{2회}}A(3,2)\xrightarrow[p_5]{\text{2회}}A(3,2)\xrightarrow[p_3]{\text{2회}}A(1,4)$

$\therefore p_2\times p_5\times p_3=\dfrac{12\times17\times6}{5^6}$

둘째, 6회 시행후 $A(5,0)$되는 경우 (확률 Q)

1) $A(1,4) \xrightarrow[p_1]{2회} A(1,4) \xrightarrow[p_2]{2회} A(3,2) \xrightarrow[p_4]{2회} A(5,0)$

$$\therefore p_1 \times p_2 \times p_4 = \frac{13 \times 12 \times 2}{5^6}$$

2) $A(1,4) \xrightarrow[p_2]{2회} A(3,2) \xrightarrow[p_5]{2회} A(3,2) \xrightarrow[p_4]{2회} A(5,0)$

$$\therefore p_2 \times p_5 \times p_4 = \frac{12 \times 17 \times 2}{5^6}$$

가 되고 구하는 확률은

$$\frac{Q}{P+Q} = \frac{720}{6013}$$

이다.

29) 정답 9
[출제자 : 김종렬T]
[검토 : 김영식T]

	남학생	여학생	계
가입	$0.6a$	$0.5b$	$0.6a+0.5b$
비가입	$0.4a$	$0.5b$	$0.4a+0.5b$
계	a	b	240

남학생 수를 a, 여학생 수를 b라 하자.

$p_1 = \dfrac{6a}{6a+5b}$, $p_2 = \dfrac{5b}{6a+5b}$

$p_1 = 2p_2$이므로, 정리하면

$\begin{cases} b = \dfrac{3}{5}a \\ a+b = 240 \end{cases}$, $a=150$, $b=90$

따라서 $p_3 = \dfrac{45}{240} = \dfrac{3}{16}$이므로 $48p_3 = 9$이다.

30) 정답 108
[출제자 : 김수T]
[검토 : 정찬도T]

집합 $X = \{-2, -1, 0, 1, 2\}$에 대하여 X에서 X로의 함수 f는 조건 (가)에서

$$f(x)-x \in X, \quad x-2 \le f(x) \le x+2$$
$$-2 \le f(-2) \le 0, \quad -2 \le f(-1) \le 1, \quad -2 \le f(0) \le 2$$
$$-1 \le f(1) \le 2, \quad 0 \le f(2) \le 2$$

(i) $f(0) = -2$일 때

조건 (나)에 의하여 $f(-2)=-2$, $f(-1)=-2$ 이고 $f(1)$, $f(2)$ 의 순서쌍의 개수는 $-1, 0, 1, 2$에서 중복을 허락하여 2개를 택하는 중복조합의 수에서 $f(1)=-1$이고 $f(2)=-1$인 경우의 수를 빼는 것과 같다.

$$_4H_2 - 1 = {}_5C_2 - 1 = 9$$

따라서 함수 f의 개수는 $1 \times 9 = 9$

(ii) $f(0) = -1$일 때

조건 (나)에 의하여
$f(-2)$, $f(-1)$의 순서쌍의 개수는 $-2, -1$에서 중복을 허락하여 2개를 뽑는 경우의 수이므로 $_2H_2 = {}_3C_2 = 3$
$f(1)$, $f(2)$의 순서쌍의 개수는 $-1, 0, 1, 2$에서 중복을 허락하여 2개를 택하는 중복조합의 수에서 $f(1)=-1$이고 $f(2)=-1$인 경우의 수를 빼는 것과 같다.

$$_4H_2 - 1 = {}_5C_2 - 1 = 9$$

따라서 함수 f의 개수는 $3 \times 9 = 27$

(iii) $f(0) = 0$일 때

조건 (나)에 의하여
$f(-2)$, $f(-1)$의 순서쌍의 개수는 $0, -1, -2$에서 중복을 허락하여 2개를 택하는 중복조합의 수와 같다.

$$_3H_2 = {}_4C_2 = 6$$

$f(1)$, $f(2)$의 순서쌍의 개수는 $0, 1, 2$에서 중복을 허락하여 2개를 택하는 중복조합의 수와 같다.

$$_3H_2 = {}_4C_2 = 6$$

따라서 함수 f의 개수는 $6 \times 6 = 36$

(iv) $f(0) = 1$일 때

조건 (나)에 의하여
$f(-2)$, $f(-1)$의 순서쌍의 개수는 $-2, -1, 0, 1$에서 중복을 허락하여 2개를 택하는 중복조합의 수에서 $f(-2)=1$이고 $f(-1)=1$인 경우의 수를 빼는 것과 같다.

$$_4H_2 - 1 = {}_5C_2 - 1 = 9$$

$f(1)$, $f(2)$의 순서쌍의 개수는
$1, 2$에서 중복을 허락하여 2개를 택하는 중복조합의 수와 같다.

$$_2H_2 = {}_3C_2 = 3$$

따라서 함수 f의 개수는 $9 \times 3 = 27$

(v) $f(0) = 2$일 때

조건 (나)에 의하여 $f(1)$, $f(2)$의 값은 2이다.
$f(-2)$, $f(-1)$ 의 순서쌍의 개수는 $-2, -1, 0, 1$에서 중복을 허락하여 2개를 택하는 중복조합의 수에서 $f(-2)=1$이고 $f(-1)=1$인 경우의 수를 빼는 것과 같다.

$$_4H_2 - 1 = {}_5C_2 - 1 = 9$$

따라서 함수 f의 개수는 $9 \times 1 = 9$
이상에서 함수 f의 개수는

$$9 + 27 + 36 + 27 + 9 = 108$$

미적분

[출제자:황보백T]

23) 정답 ③

$$\lim_{n \to \infty} \frac{3}{\sqrt{4n^2+7n}-\sqrt{4n^2+n}}$$

$$= \lim_{n \to \infty} \frac{3\left(\sqrt{4n^2+7n}+\sqrt{4n^2+n}\right)}{(4n^2+7n)-(4n^2+n)}$$

$$= \lim_{n \to \infty} \frac{\sqrt{4n^2+7n}+\sqrt{4n^2+n}}{2n}$$

$$= \lim_{n \to \infty} \frac{\sqrt{4+\frac{7}{n}}+\sqrt{4+\frac{1}{n}}}{2}$$

$$= 2$$

24) 정답 ①

주어진 식을 미분하면

$$2(x+1)-\frac{dy}{dx}e^{2x}-2ye^{2x}+\frac{1}{x+1}=0$$

$(0,\ 1)$을 대입하여 접선의 기울기를 구하자.

$$2-\frac{dy}{dx}-2+1=0$$

$$\frac{dy}{dx}=1$$

25) 정답 ⑤

$f(x)=2x^3+3x-1$에서

$f'(x)=6x^2+3$이고

$g(4)=k$라면 $f(k)=4$에서 $k=1$

$g(4)=1$

$f(g(x))=x$을 미분하면

$f'(g(x))g'(x)=1$

$$g'(4)=\frac{1}{f'(g(4))}$$

$$=\frac{1}{f'(1)}$$

$$=\frac{1}{9}$$

26) 정답 ①

$\overline{OQ}=\tan t$, $\overline{OP}=\sqrt{t^2+\tan^2 t}$, $\overline{PQ}=t=\overline{PR}$ 이므로

$\overline{OR}=\overline{OP}-\overline{PR}=\sqrt{t^2+\tan^2 t}-t$이다.

$$\lim_{t \to 0+} \frac{\overline{OR}}{\overline{OQ}}=\lim_{t \to 0+} \frac{\sqrt{t^2+\tan^2 t}-t}{\tan t}$$

$$=\lim_{t \to 0+} \frac{\tan^2 t}{\tan t\{\sqrt{t^2+\tan^2 t}+t\}}$$

$$=\lim_{t \to 0+} \frac{\tan t}{\sqrt{t^2+\tan^2 t}+t}$$

$$=\lim_{t \to 0+} \frac{\frac{\tan t}{t}}{\sqrt{1+\left(\frac{\tan t}{t}\right)^2}+1}$$

$$=\frac{1}{\sqrt{2}+1}=\sqrt{2}-1$$

[다른 풀이]

$\overline{OQ}=\tan t$, $\overline{OP}=\sqrt{t^2+\tan^2 t}$, $\overline{PQ}=t=\overline{PR}$ 이므로

$\overline{OR}=\overline{OP}-\overline{PR}=\sqrt{t^2+\tan^2 t}-t$이다.

$$\lim_{t \to 0+} \frac{\overline{OR}}{\overline{OQ}}=\lim_{t \to 0+} \frac{\sqrt{t^2+\tan^2 t}-t}{\tan t}$$

$$=\lim_{t \to 0+} \left(\sqrt{\frac{t^2+\tan^2 t}{\tan^2 t}}-\frac{t}{\tan t}\right)=\sqrt{2}-1$$

27) 정답 ④

[그림 : 이정배T]

$y=\log_a x$, $y'=\frac{1}{x\ln a}$에서 직선 l의 기울기는 $\frac{1}{t\ln a}$이므로

점 A를 지나고 직선 l에 수직인 직선의 기울기는 $-t\ln a$이다.

따라서 직선 l에 수직인 직선의 방정식은

$y=-t\ln a(x-t)+\log_a t=-t\ln ax+t^2\ln a+\log_a t$

따라서 점 C의 좌표는 $\left(0,\ t^2\ln a+\log_a t\right)$이다.

점 A에서 x축에 내린 수선의 발을 D, y축에 내린 수선의 발을 E라 하자.

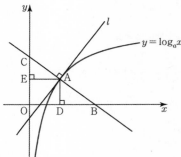

두 직각삼각형 CEA와 ADB가 닮음이므로

$\frac{\overline{AC}}{\overline{AB}}=\frac{\overline{CE}}{\overline{AD}}$이고 선분 CE의 길이는 $\left(t^2\ln a+\log_a t\right)-\log_a t=t^2\ln a$,

선분 AD의 길이는 $\log_a t$이므로

$$\frac{\overline{AC}}{\overline{AB}}=\frac{t^2\ln a}{\log_a t}=\frac{t^2\ln a}{\frac{\ln t}{\ln a}}=\frac{(t\ln a)^2}{\ln t}$$이다.

$f(t)=\frac{t^2(\ln a)^2}{\ln t}$ $(t>1)$라 하면

$$f'(t)=\frac{2t(\ln a)^2\ln t-t(\ln a)^2}{(\ln t)^2}=\frac{t(\ln a)^2(2\ln t-1)}{(\ln t)^2}$$

방정식 $f'(t)=0$의 해가 $t=\sqrt{e}$이고 $t=\sqrt{e}$의 좌우에서 $f'(t)$의 부호가 $\to -+$이므로 함수 $f(t)$는 $t=\sqrt{e}$에서 극솟값을 갖고 그 값이 최솟값이다.

따라서 $f(\sqrt{e}) = \dfrac{e(\ln a)^2}{\ln \sqrt{e}} = 2e(\ln a)^2 = 8e$

$(\ln a)^2 = 4$

$\ln a = 2$

$\therefore\ a = e^2$이다.

28) 정답 ③
[그림 : 서태욱T]
[검토 : 안형진T]

최고차항의 계수가 1이고 $f(0)=f(a)$이고 $f'(a)=0$인 삼차함수 $f(x)$는 상수 b에 대하여 $f(x)=x(x-a)^2+b$라 할 수 있다.

$f'(x)=(x-a)^2+2x(x-a)=(3x-a)(x-a)$에서

삼차함수 $f(x)$는 $x=\dfrac{a}{3}$에서 극대, $x=a$에서 극솟값을 갖는다.

……㉠

한편, 곡선 $y=4e^{x-\frac{a}{3}}+\dfrac{4}{27}a^3$은 점근선이 $y=\dfrac{4}{27}a^3$이고

증가함수이다. $0<a<3$이므로 $0<\dfrac{4}{27}a^3<4$이다.

따라서

실수 $t\left(t>\dfrac{4}{27}a^3\right)$에 대하여 함수 $h(t)$가 $t=4$에서만

불연속이므로 방정식 $g(x)=4$의 가장 작은 실근을 α라 할 때, $g(x)=t$와 만나는 x의 최댓값은 $t<4$일 때는 $x<\alpha$, $t\ge4$일 때는 $x>a$에서 가진다. 불연속인 경우는 $t=4$일 때이므로 ㉠에서 삼차함수 $f(x)$의 극솟값이 4이어야 한다.

따라서 $b=4$이고 $f(x)=x(x-a)^2+4$이므로 함수 $g(x)$와 도함수 $g'(x)$는 다음과 같다.

$$g(x)=\begin{cases}4e^{x-\frac{a}{3}}+\dfrac{4}{27}a^3 & \left(x<\dfrac{a}{3}\right)\\[2mm] x(x-a)^2+4 & \left(x\ge\dfrac{a}{3}\right)\end{cases}$$

$$g'(x)=\begin{cases}4e^{x-\frac{a}{3}} & \left(x<\dfrac{a}{3}\right)\\[2mm] (3x-a)(x-a) & \left(x>\dfrac{a}{3}\right)\end{cases}$$

함수 $g(x)$의 그래프 개형은 다음과 같다.

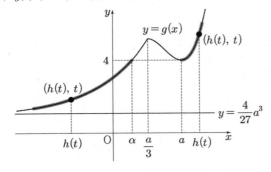

$g(h(t))=t$에서 $x<\alpha$ 또는 $x>a$에서 함수 $g(x)$는 증가함수이므로 $g(h(x))=x$의 관계에서 함수 g와 h는 역함수 관계이다.

따라서 $h(g(t))=t$이다.

$h'(g(t))g'(t)=1$

$h'(g(t))=\dfrac{1}{g'(t)}$이고

$g'(a+2)=(2a+6)\times2=4a+12$이므로

$h'(g(a+2))=\dfrac{1}{g'(a+2)}=\dfrac{1}{4a+12}=\dfrac{1}{16}$이므로 $a=1$이다.

그러므로

$$g(x)=\begin{cases}4e^{x-\frac{1}{3}}+\dfrac{4}{27} & \left(x<\dfrac{1}{3}\right)\\[2mm] x(x-1)^2+4 & \left(x\ge\dfrac{1}{3}\right)\end{cases}$$

$$g'(x)=\begin{cases}4e^{x-\frac{1}{3}} & \left(x<\dfrac{1}{3}\right)\\[2mm] (3x-1)(x-1) & \left(x>\dfrac{1}{3}\right)\end{cases}$$

$h'\left(g\left(\dfrac{1}{3}-\ln2\right)\right)=\dfrac{1}{g'\left(\dfrac{1}{3}-\ln2\right)}=\dfrac{1}{4e^{-\ln2}}=\dfrac{1}{2}\ \left(\because \ln2>\dfrac{1}{3}\right)$

29) 정답 19

$$g'(x)=\begin{cases}f'(x) & (x>b)\\ -f'(x-c) & (x<b)\end{cases}$$

함수 $g(x)$가 실수 전체의 집합에서 미분가능하므로

$f(b)=-f(b-c)$, $f'(b)=-f'(b-c)$이다.

$f'(x)=e^x(x^4-6x^3+19x^2-38x+38)$
$\qquad\qquad +e^x(4x^3-18x^2+38x-38)$
$\quad =e^x(x^4-2x^3+x^2)$
$\quad =e^x x^2(x-1)^2$

이므로 $f'(x)\ge0$이다.

이때, $f'(b)\ge0$이고 $-f'(b-c)\le0$이므로

$f'(b)=-f'(b-c)=0$이어야 한다.

$b>0$, $c>0$이므로 $b=1$, $c=1$이다.

$f(b)=-f(b-c)$에서 $f(1)=-f(0)$이므로

$f(1)=14e+a$, $f(0)=38+a$ $-f(0)=-38-a$에서

$14e+a=-38-a$

$2a=-38-14e$

$\therefore\ a=-19-7e$

그러므로

$|a+(b+c+5)e|=19$

30) 정답 100

[그림 : 최성훈T]

접점의 x좌표를 t라 두면 접점의 좌표는 $(t, \sin t)$이고

$\left(-\dfrac{\pi}{2}, 0\right)$와 접점을 지나는 직선의 기울기는 $\dfrac{\sin t}{t + \dfrac{\pi}{2}} = \cos t$이다.

정리하면 $\tan t = t + \dfrac{\pi}{2}$

따라서 $y = \tan x$와 $y = x + \dfrac{\pi}{2}$의 교점의 x좌표를 작은 수부터 크기순으로 나열한 것이 $a_1, a_2, a_3, \cdots$이다.

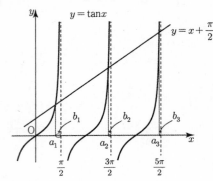

따라서 $\tan a_n = a_n + \dfrac{\pi}{2}$이다.

$\tan(a_{n+1} - a_n)$

$= \dfrac{\tan a_{n+1} - \tan a_n}{1 + \tan a_{n+1} \tan a_n}$

$= \dfrac{a_{n+1} - a_n}{1 + \left(a_{n+1} + \dfrac{\pi}{2}\right)\left(a_n + \dfrac{\pi}{2}\right)}$

따라서

$\dfrac{100}{\pi} \times \lim\limits_{n \to \infty} a_n^2 \tan(a_{n+1} - a_n)$

$= \dfrac{100}{\pi} \times \lim\limits_{n \to \infty} \dfrac{a_{n+1} - a_n}{\dfrac{1}{a_n^2}\left\{1 + \left(a_{n+1} + \dfrac{\pi}{2}\right)\left(a_n + \dfrac{\pi}{2}\right)\right\}}$

$= \dfrac{100}{\pi} \times \lim\limits_{n \to \infty} \dfrac{a_{n+1} - a_n}{\dfrac{1}{a_n^2} + \left(\dfrac{a_{n+1}}{a_n} + \dfrac{\pi}{2a_n}\right)\left(1 + \dfrac{\pi}{2a_n}\right)}$

에서 $\lim\limits_{n \to \infty} \dfrac{a_{n+1}}{a_n} = 1$, $\lim\limits_{n \to \infty}(a_{n+1} - a_n) = \pi$이므로 ⋯⋯ㄱ

$= \dfrac{100}{\pi} \times \dfrac{\pi}{0 + (1+0)(1+0)} = \dfrac{100}{1} = 100$

[랑데뷰팁] - ㉠설명

모든 자연수 n에 대하여

$(n-1)\pi < a_n < (n-1)\pi + \dfrac{\pi}{2}$

$n\pi < a_{n+1} < n\pi + \dfrac{\pi}{2}$

이므로

$\dfrac{\pi}{2} < a_{n+1} - a_n < \dfrac{3\pi}{2}$

가 성립하고,

$\dfrac{\pi}{2} \times \dfrac{1}{a_n} < \dfrac{a_{n+1}}{a_n} - 1 < \dfrac{3\pi}{2} \times \dfrac{1}{a_n}$

이다. $\lim\limits_{n \to \infty} a_n = \infty$이므로 극한의 대소 관계에 의해

$\lim\limits_{n \to \infty}\left(\dfrac{\pi}{2} \times \dfrac{1}{a_n}\right) \leq \lim\limits_{n \to \infty}\left(\dfrac{a_{n+1}}{a_n} - 1\right) \leq \lim\limits_{n \to \infty}\left(\dfrac{3\pi}{2} \times \dfrac{1}{a_n}\right)$

$0 \leq \lim\limits_{n \to \infty}\left(\dfrac{a_{n+1}}{a_n} - 1\right) \leq 0$

$1 \leq \lim\limits_{n \to \infty} \dfrac{a_{n+1}}{a_n} \leq 1$

$\therefore \lim\limits_{n \to \infty} \dfrac{a_{n+1}}{a_n} = 1$이다.

또 위 그림에서

$a_n + b_n = (n-1)\pi + \dfrac{\pi}{2}$

$a_{n+1} + b_{n+1} = n\pi + \dfrac{\pi}{2}$

에서

$(a_{n+1} - a_n) + (b_{n+1} - b_n) = \pi$이고, $\lim\limits_{n \to \infty} b_n = 0$이므로

$\lim\limits_{n \to \infty}(a_{n+1} - a_n) = \pi$이다.

기하

[출제자: 황보백T]

23) 정답 ②

$2\vec{a} + \vec{b}$와 $3\vec{a} + k\vec{b}$ 가 서로 평행하려면

$\quad 2\vec{a} + \vec{b} = t(3\vec{a} + k\vec{b})$

$\quad 2\vec{a} + \vec{b} = 3t\vec{a} + kt\vec{b}$

$\quad 3t = 2, \ kt = 1$

$\quad t = \dfrac{2}{3}, \ k = \dfrac{3}{2}$

24) 정답 ③

$2a = 8, \ a = 4$

$\dfrac{b}{a} = 3, \ b = 12$

초점을 c라 하면 $c^2 = a^2 + b^2$

$c^2 = 16 + 144 = 160, \ c = \pm 4\sqrt{10}$

두 초점 사이의 거리는 $8\sqrt{10}$

25) 정답 ①

두 직선 $\dfrac{x-2}{3}=\dfrac{1-y}{4}$, $5x-1=\dfrac{5y-1}{2}$ 의

방향벡터를 각각 $\vec{u_1}=(3,\,-4)$, $\vec{u_2}=\left(\dfrac{1}{5},\,\dfrac{2}{5}\right)$이라 하자.

$$\cos\theta=\dfrac{|\vec{u_1}\cdot\vec{u_2}|}{|\vec{u_1}||\vec{u_2}|}$$

$$=\dfrac{\left|3\times\dfrac{1}{5}+(-4)\times\dfrac{2}{5}\right|}{\sqrt{3^2+(-4)^2}\times\sqrt{\left(\dfrac{1}{5}\right)^2+\left(\dfrac{2}{5}\right)^2}}$$

$$=\dfrac{|-1|}{5\times\sqrt{\dfrac{5}{25}}}$$

$$=\dfrac{1}{\sqrt{5}}=\dfrac{\sqrt{5}}{5}$$

26) 정답 ②

쌍곡선 $x^2-\dfrac{y^2}{3}=1$와 직선 $y=x+1$이 만나는 점의 좌표는

$x^2-\dfrac{(x+1)^2}{3}=1$

$3x^2-x^2-2x-1=3$

$2x^2-2x-4=0$

$x^2-x-2=0$

$(x+1)(x-2)=0$

$\therefore\ x=-1$ 또는 $x=2$

A$(-1,\,0)$, B$(2,\,3)$이라 하자.

점 A에서의 접선의 방정식은 $x=-1$

점 B에서의 접선의 방정식은 $2x-\dfrac{3y}{3}=1$에서

$y=2x-1$이다.

두 접선의 교점은 C$(-1,\,-3)$

따라서 $\overline{AC}=3$

삼각형 ABC의 넓이는

$\dfrac{1}{2}\times3\times\{2-(-1)\}=\dfrac{9}{2}$

27) 정답 ③

[그림 : 서태욱T]

그림과 같이 점 B를 원점으로 하고 직선 BC를 y축으로 하는
좌표평면을 생각하자.

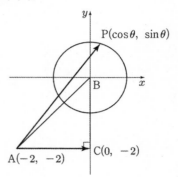

A$(-2,\,-2)$, C$(0,\,-2)$이다.

따라서 $\overrightarrow{AC}=(2,\,0)$

원 위의 점 P의 좌표는 $(\cos\theta,\,\sin\theta)$이므로

$\overrightarrow{AP}=(\cos\theta+2,\,\sin\theta+2)$

그러므로

$\overrightarrow{AC}\cdot\overrightarrow{AP}=2\cos\theta+4$이다.

$2\le\overrightarrow{AC}\cdot\overrightarrow{AP}\le6$

$\overrightarrow{AC}\cdot\overrightarrow{AP}$의 최댓값과 최솟값의 합은 8이다.

28) 정답 ③

[출제자 : 이호진T]

[검토 : 이지훈T]

$\overrightarrow{AP}\cdot(\overrightarrow{QA}+\overrightarrow{QP})=0$ 에서 P, A의 중점을 M이라 하였을 때,
$2\overrightarrow{AM}\cdot2\overrightarrow{QM}=0$이므로 M은 아래 그림과 같이 $\overline{AQ}$를 지름으로
하는 원 위에 존재한다.

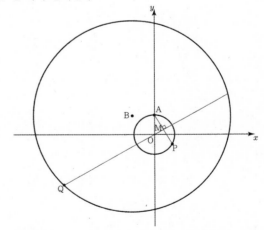

이때, $|\overrightarrow{PQ}|$의 값이 최소일 때는 $|\overrightarrow{AQ}|$의 값이 최소일 때이므로,
점 A, B, Q가 아래 그림과 같이 일직선 위에 있을 때이다.

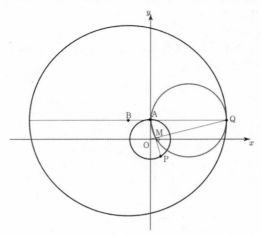

$\tan(\angle OQP)=\tan(\angle OQA)$이므로, $\dfrac{1}{3}$이 됨을 알 수 있다.

29) 정답 26

[출제자 : 오세준T]

[검토 : 강동희T]

곡선 $|x^2-4|=\dfrac{y^2}{b^2}$에서

$x^2-4=\dfrac{y^2}{b^2}$ 또는 $x^2-4=-\dfrac{y^2}{b^2}$이다.

정리하면

$\dfrac{x^2}{2^2}-\dfrac{y^2}{(2b)^2}=1$ 또는 $\dfrac{x^2}{2^2}+\dfrac{y^2}{(2b)^2}=1$

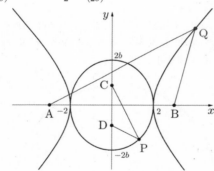

곡선 $\dfrac{x^2}{2^2}-\dfrac{y^2}{(2b)^2}=1$는 중심이 $(0, 0)$, 꼭짓점이 $(2, 0)$, $(-2, 0)$,

초점이 $(\sqrt{4+4b^2}, 0)$, $(-\sqrt{4+4b^2}, 0)$인 쌍곡선이고

곡선 $\dfrac{x^2}{2^2}+\dfrac{y^2}{(2b)^2}=1$는 중심이 $(0, 0)$, 꼭짓점이

$(2, 0)$, $(-2, 0)$, $(0, 2b)$, $(0, -2b)$, 초점이

$(0, \sqrt{4b^2-4})$, $(0, -\sqrt{4b^2-4})$인 타원이다.

$\overline{PC}+\overline{PD}=2\sqrt{5}$이므로 점 P는 타원 위의 점이고

타원의 정의에 의해 $4b=2\sqrt{5}$, $b=\dfrac{\sqrt{5}}{2}$이다.

따라서 타원의 방정식은 $\dfrac{x^2}{4}+\dfrac{y^2}{5}=1$이고

초점은 $(0, 1)$, $(0, -1)$이므로 C$(0, 1)$, D$(0, -1)$이다.

$c=1$이므로 A$(-3, 0)$, B$(3, 0)$이다.

점 Q는 쌍곡선 위의 점이고 제 1사분면에 있다.

쌍곡선의 정의에 의해 $\overline{AQ}-\overline{BQ}=4$이고

$\overline{AQ} : \overline{BQ}=3 : 2$이므로 $2\overline{AQ}=3\overline{BQ}$이다.

따라서 $\overline{AQ}=12$, $\overline{BQ}=8$이고

삼각형 ABQ의 둘레의 길이는

$\overline{AB}+\overline{AQ}+\overline{BQ}=6+12+8=26$이다.

30) 정답 40

[출제자 : 정일권T]

[검토 : 김상호T]

쌍곡선의 주축의 길이가 $2a=12$이므로 쌍곡선의 방정식을

$\dfrac{x^2}{6^2}-\dfrac{y^2}{b^2}=1$이라 쓸 수 있고, 두 초점 사이의 거리가

$8\sqrt{3}$이므로

$2\sqrt{6^2+b^2}=8\sqrt{3}$, $b^2=12$

즉, 쌍곡선의 방정식은 $\dfrac{x^2}{6^2}-\dfrac{y^2}{(2\sqrt{3})^2}=1$이고 두 점근선의

방정식은 $y=\pm\dfrac{\sqrt{3}}{3}x$이다.

한편, $|\overrightarrow{FP}|=k$라 하면 쌍곡선의 정의에 의해

$|\overrightarrow{F'P}|=k+12$이다.

주어진 조건식 $(|\overrightarrow{FP}|+2)\overrightarrow{F'Q}=10\overrightarrow{QP}$에서 벡터들이 시점이

다르므로 F$'$을 시점으로 정리하면

$\overrightarrow{QP}=\overrightarrow{F'P}-\overrightarrow{F'Q}$이므로

$(k+2)\overrightarrow{F'Q}=10\overrightarrow{F'P}-10\overrightarrow{F'Q}$

$(k+12)\overrightarrow{F'Q}=10\overrightarrow{F'P}$

$|\overrightarrow{F'Q}|=10$ $(\because |\overrightarrow{F'P}|=k+12)$이므로

점 Q는 중심이 점 F$'$이고 반지름의 길이가 10인 원 위의

점 중에서 중심각의 크기가 $\dfrac{\pi}{3}$인 원의 일부분임을 알 수 있다.

($\because$ 점근선의 방정식이 $y=\pm\dfrac{\sqrt{3}}{3}x$)

따라서 점 Q의 자취의 길이는

$20\pi\times\dfrac{1}{6}=\dfrac{10}{3}\pi$

$\therefore p=3, q=10, 10p+q=40$

랑데뷰☆수학 평가원 싱크로율 99% 모의고사 2회 - 9평

공통과목

1	②	2	④	3	①	4	⑤	5	①
6	①	7	②	8	⑤	9	③	10	①
11	③	12	⑤	13	③	14	①	15	⑤
16	81	17	9	18	2	19	256	20	19
21	247	22	5						

확률과통계

23	④	24	⑤	25	⑤	26	②	27	②
28	③	29	159	30	188				

미적분

23	①	24	①	25	②	26	②	27	②
28	④	29	63	30	5				

기하

23	⑤	24	④	25	⑤	26	③	27	⑤
28	③	29	320	30	324				

풀이

공통과목
[출제자 : 황보백T]

1) 정답 ②

2) 정답 ④

$\lim_{x \to \infty} (\sqrt{x^2 + 9x} - x)$

$= \lim_{x \to \infty} \dfrac{(\sqrt{x^2 + 9x} - x)(\sqrt{x^2 + 9x} + x)}{\sqrt{x^2 + 9x} + x}$

$= \lim_{x \to \infty} \dfrac{9x}{\sqrt{x^2 + 9x} + x}$

$= \dfrac{9}{2}$

3) 정답 ①

$f(x) - g(x) = x^3 - 6x^2 + 9x - 4 = (x-1)^2(x-4)$

$y = f(x)$와 $y = g(x)$로 둘러싸인 부분의 넓이는

$\int_1^4 |x^3 - 6x^2 + 9x - 4| \, dx = \left[-\dfrac{1}{4}x^4 + 2x^3 - \dfrac{9}{2}x^2 + 4x \right]_1^4 = \dfrac{27}{4}$

4) 정답 ⑤

$\lim_{x \to 1} f(x) = 2$이고

$x \to -2+$일 때, $|x| \to 2-$이므로 $\lim_{x \to -2+} f(|x|) = 1$이다.

$\lim_{x \to 1} \{f(x)\}^2 + \lim_{x \to -2+} f(|x|) = 4 + 1 = 5$

5) 정답 ①

$y = x^2 + 2$에서 $y' = 2x$이므로 점 $(a, a^2 + 2)$에서의 접선의

방정식은 $y - a^2 - 2 = 2a(x - a)$, $y = 2ax - a^2 + 2$ ··· ㉠

또한, 원 $x^2 + y^2 - 2y = 0$은 $x^2 + (y-1)^2 = 1$이다.

$x^2 + (y-1)^2 = 1$의 중심의 좌표는 $(0, 1)$이다.

따라서 직선 ㉠이 점 $(0, 1)$를 지날 때 이 원의 넓이를

이등분하므로 $1 = -a^2 + 2$

$\therefore a = 1$ $(a > 0)$

6) 정답 ①

근과 계수의 관계에서 $\alpha + \beta = 8$, $\alpha\beta = 6$

$2 \times 2^{\alpha\beta} \times 2^{-\alpha-\beta} = 2^{\alpha\beta - (\alpha+\beta)+1}$

$= 2^{6-8+1}$

$= 2^{-1} = \dfrac{1}{2}$

[다른 풀이]

$x^2 - 8x + 6 = (x - \alpha)(x - \beta)$이므로

$\alpha\beta - \alpha - \beta + 1 = (\alpha - 1)(\beta - 1)$

$= (1 - \alpha)(1 - \beta)$

$= 1 - 8 + 6 = -1$

7) 정답 ②

$3^{-a} \times 9^a = 9$이므로 $a = 2$이다.

8) 정답 ⑤

합과 곱이 각각 3, 2인 수를 x라 하면

$x^2 - 3x + 2 = 0$이다.

$(x - 1)(x - 2) = 0$에서

$x = 1$ 또는 $x = 2$이다.

$\log_9 a = 1$ 또는 $\log_a b = 2 \to a = 9$, $b = 81$

$\log_9 a = 2$ 또는 $\log_a b = 1 \rightarrow a = 81$, $b = 81$

그러므로 $a+b$의 최댓값은 162이다.

[다른 풀이]

두 수의 곱이 2이므로

$\log_9 a \times \log_a b = 2$

$\dfrac{\log a}{\log 9} \times \dfrac{\log b}{\log a} = \dfrac{\log b}{\log 9} = 2$

$\therefore b = 81$

따라서

$\log_9 a + \log_a 81 = \dfrac{\log_3 a}{2} + \dfrac{4}{\log_3 a} = 3$

$(\log_3 a)^2 - 6\log_3 a + 8 = 0$

$(\log_3 a - 2)(\log_3 a - 4) = 0$

$\log_3 a = 2$ 또는 $\log_3 a = 4$이다.

따라서 $a = 9$ 또는 $a = 81$이다.

그러므로 $a+b$의 최댓값은 162이다.

9) 정답 ③

$2\displaystyle\int_{-1}^{0} f(x)dx + \int_{0}^{1}(3x^2 + 2f(x))dx$

$= \displaystyle\int_{-1}^{0} 2f(x)dx + \int_{0}^{1} 2f(x)dx + \int_{0}^{1} 3x^2 dx$

$= \displaystyle\int_{-1}^{1} 2f(x)dx + \int_{0}^{1} 3x^2 dx$

$= 2\displaystyle\int_{0}^{1} 2dx + \int_{0}^{1} 3x^2 dx$

$= \displaystyle\int_{0}^{1}(3x^2 + 4)dx$

$= \Big[x^3 + 4x \Big]_{0}^{1} = 5$

10) 정답 ①

[그림 : 도정영T]

$\overline{AB} : \overline{BC} = 1 : 2$에서 $\overline{AB} = k$, $\overline{BC} = 2k$라 하고 $\angle B = \theta$라 하자.

직각삼각형 BAH에서 $\overline{AH} = 1$이므로 $\overline{BH} = \sqrt{k^2 - 1}$ 이다.

사인법칙에서 $\dfrac{\overline{AC}}{\sin\theta} = 4 \rightarrow \overline{AC} = 4\sin\theta$

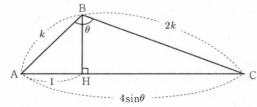

따라서 삼각형 ABC의 넓이는

$\dfrac{1}{2} \times k \times 2k \times \sin\theta = \dfrac{1}{2} \times 4\sin\theta \times \sqrt{k^2-1}$

$k^2 = 2\sqrt{k^2 - 1}$

$k^4 - 4k^2 + 4 = 0$

$(k^2 - 2)^2 = 0$

$k^2 = 2$

따라서 선분 $\overline{BH} = \sqrt{2-1} = 1$이다.

11) 정답 ③

점 P의 $t = 0$일 때의 위치를 a라 하고 시각 t에서의 위치를 x_1라 하자.

$x_1 = t^2 + t + a$

점 Q의 $t = 0$일 때의 위치를 b라 하고 시각 t에서의 위치를 x_2라 하자.

$x_2 = -t^3 + 7t^2 + b$

$a < b$이므로 $b - a = 6$이다.

두 점 P, Q의 위치가 같아지는 순간은

$t^2 + t + a = -t^3 + 7t^2 + b$

$t^3 - 6t^2 + t - 6 = 0$

$(t-6)(t^2 + 1) = 0$

$\therefore t = 6$

점 P의 가속도는 2이고 점 Q의 가속도는 $-6t + 14$이므로 $t = 6$일 때, 두 점의 가속도는 각각 2, -22이다.

따라서 두 점 P, Q의 위치가 같아지는 순간 두 점 P, Q의 가속도의 합은 $2 + (-22) = -20$이다.

12) 정답 ⑤

$a_n + b_n = \displaystyle\sum_{k=1}^{n}(-1)^k a_k$에서

$a_1 + b_1 = -a_1 \rightarrow b_1 = -2a_1$

$a_2 + b_2 = -a_1 + a_2 \rightarrow b_2 = -a_1$

$b_2 = 3$에서 $a_1 = -3$이다.

$a_3 + b_3 = -a_1 + a_2 - a_3 \rightarrow b_3 = -2a_3 + d = -2a_1 - 3d$

$a_4 + b_4 = -a_1 + a_2 - a_3 + a_4 \rightarrow b_4 = -a_1 - d$

$b_3 + b_4 = -3a_1 - 4d = 9 - 4d$에서 $b_3 + b_4 = 1$이므로 $d = 2$이다.

따라서 $a_n = 2n - 5$이다.

$a_{10} + b_{10} = \displaystyle\sum_{k=1}^{10}(-1)^k a_k$

$a_{10} + b_{10} = (-a_1 + a_2) + (-a_3 + a_4) + \cdots + (-a_9 + a_{10})$

$15 + b_{10} = 5d$

$\therefore b_{10} = -5$

13) 정답 ③

[그림 : 이정배T]

두 곡선 $y=x^3+2$와 $y=-x^3+2$은 y축 대칭이므로 곡선
$y=-x^2+2$와 x축, y축으로 둘러싸인 부분의 넓이를 A'라 하면
$A=2A'$이다.
따라서 $A'=B$이다.

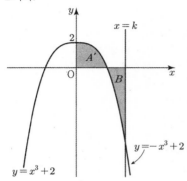

그러므로

$$\int_0^k (-x^3+2)dx=0$$

$$\left[-\frac{1}{4}x^4+2x\right]_0^k=0$$

$$-\frac{1}{4}k^4+2k=0$$

$$-\frac{1}{4}k(k^3-8)=0$$

$$\therefore \ k=2$$

14) 정답 ①

[그림 : 도정영T]

그림과 같이 점 A_n의 x좌표가 점 B_n의 x좌표보다 작다고 하자.

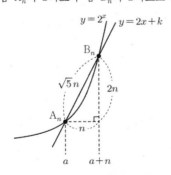

$\overline{A_nB_n}=n\times\sqrt{5}$이므로 점 A_n의 x좌표를 a라 하면 점 B_n의
x좌표는 $a+n$이다.
따라서
$A_n(a,\ 2^a)$, $B_n(a+n,\ 2^{a+n})$
$2^{a+n}-2^a=2n$
$2^a(2^n-1)=2n$
$2^a=\dfrac{2n}{2^n-1}$

점 A_n을 지나고 기울기가 -1인 직선이 곡선 $y=\log_2 x$와
만나는 점의 x좌표는 점 A_n의 y좌표이므로

$$x_n=2^a=\frac{2n}{2^n-1}\text{이다.}$$

따라서 $x_{n+1}=\dfrac{2(n+1)}{2^{n+1}-1}$

$$x_nx_{n+1}=\frac{4n(n+1)}{(2^n-1)(2^{n+1}-1)}$$

$$=\frac{4n(n+1)}{2^{n+1}-2^n}\left(\frac{1}{2^n-1}-\frac{1}{2^{n+1}-1}\right)$$

$$=\frac{4n(n+1)}{2^n}\left(\frac{1}{2^n-1}-\frac{1}{2^{n+1}-1}\right)$$

이다.
따라서

$$\sum_{n=1}^{99}\frac{x_nx_{n+1}}{2^{2-n}\times n(n+1)}$$

$$=\sum_{n=1}^{99}\left(\frac{1}{2^n-1}-\frac{1}{2^{n+1}-1}\right)$$

$$=1-\frac{1}{2^{100}-1}$$

$$=\frac{2^{100}-2}{2^{100}-1}$$

15) 정답 ⑤

[검토 : 정찬도T]

(가)에서 양변을 x에 관하여 미분하면
$(x-1)f(x)+(x-1)g(x)=(x-1)h(x)$
$f(x)+g(x)=h(x)$ ······ ㉠
(나)에서 함수 $f(x)$와 함수 $g(x)$는 차수가 같아야 하고 $h(x)$가
최고차항의 계수가 1인 이차함수이므로 두 함수 $f(x)$, $g(x)$는
모두 이차함수.

$g(x)=ax^2+\cdots$라 하면 $\displaystyle\int_0^x g(t)dt=\dfrac{1}{3}ax^3+\cdots$이다.

따라서 $f(x)=\dfrac{1}{3}ax^2+\cdots$이다.

㉠에서 $f(x)+g(x)=x^2+\cdots$이므로 $a+\dfrac{1}{3}a=\dfrac{4}{3}a=1$이므로

$a=\dfrac{3}{4}$이다.

$f(x)=\dfrac{1}{4}x^2+\cdots$, $g(x)=\dfrac{3}{4}x^2+\cdots$

(나)의 양변에 $x=0$을 대입하면 $f(0)=0$이므로

$f(x)=\dfrac{1}{4}x^2+bx$라 하자.

(가)에서 $x=1$을 대입하면

$\displaystyle\int_{-1}^1(t-1)f(t)dt+0=0$에서 $\displaystyle\int_{-1}^1(t-1)f(t)dt=0$이므로

$(x-1)f(x)$는 홀수차 함수(원점에 대하여 대칭인 함수?)이어야 한다.

$(x-1)\left(\dfrac{1}{4}x^2+bx\right)=\dfrac{1}{4}x^3+\left(b-\dfrac{1}{4}\right)x^2-bx$에서 $b-\dfrac{1}{4}=0$

$\therefore \ b=\dfrac{1}{4}$

따라서 $f(x)=\frac{1}{4}x^2+\frac{1}{4}x$, $f'(x)=\frac{1}{2}x+\frac{1}{4}$ 이다.

(나)의 양변을 x에 관하여 미분하면

$f(x)+(x+1)f'(x)=g(x)$ 이다.

$f(x)+(x+1)f'(x)$

$=\frac{1}{4}x^2+\frac{1}{4}x+(x+1)\left(\frac{1}{2}x+\frac{1}{4}\right)$

$=\frac{1}{4}x^2+\frac{1}{4}x+\frac{1}{2}x^2+\frac{3}{4}x+\frac{1}{4}$

$=\frac{3}{4}x^2+x+\frac{1}{4}$

$\therefore f(x)=\frac{1}{4}x^2+\frac{1}{4}x$, $g(x)=\frac{3}{4}x^2+x+\frac{1}{4}$

따라서 $f(x)+g(x)=x^2+\frac{5}{4}x+\frac{1}{4}$

㉠에서 $h(x)=x^2+\frac{5}{4}x+\frac{1}{4}$ 이다.

$h'(x)=2x+\frac{5}{4}$ 에서 $h'(1)=\frac{13}{4}$ 이다.

16) 정답 81

$\log_5\{\log_3(\log_2 x)\}=1$

$\log_3(\log_2 x)=5$

$\log_2 x=243$

$\therefore x=2^{243}$

$\therefore \log_8 x=\frac{1}{3}\log_2 2^{243}=81$

17) 정답 9

$f'(x)=2x^2-6x+a\geq 0$

$\frac{D}{4}=9-2a\leq 0$

$a\geq\frac{9}{2}$ 이므로 a의 최솟값은 $\frac{9}{2}$ 이다.

$m=\frac{9}{2}$ 이므로 $2m=9$

18) 정답 2

$\sum_{n=1}^{10}\frac{a}{n(n+2)}=\frac{a}{2}\sum_{n=1}^{10}\left(\frac{1}{n}-\frac{1}{n+2}\right)$

$=\frac{a}{2}\left\{\left(1-\frac{1}{3}\right)+\left(\frac{1}{2}-\frac{1}{4}\right)+\cdots+\left(\frac{1}{9}-\frac{1}{11}\right)+\left(\frac{1}{10}-\frac{1}{12}\right)\right\}$

$=\frac{a}{2}\left(1+\frac{1}{2}-\frac{1}{11}-\frac{1}{12}\right)$

$=\frac{a}{2}\left(\frac{132+66-12-11}{132}\right)=\frac{175}{132}$

$\frac{a}{2}=1$ 에서

$a=2$

19) 정답 256

삼차함수 $f(x)$를

$f(x)=-x^3+ax^2+bx+c$ 라 하면

$f'(x)=-3x^2+2ax+b$

$f'(-3)=f'(-1)=45$ 이므로

$f'(x)=-3(x+3)(x+1)+45$

$\quad=-3x^2-12x+36$

$\therefore a=-6$, $b=36$, $f(x)=-x^3-6x^2+36x+c$

방정식 $f(x)=k$의 서로 다른 실근의 개수가 3이려면

k는 함수 $f(x)$의 극댓값과 극솟값 사이의 값을 가져야 하므로

$f'(x)=-3(x^2+4x-12)$

$\quad=-3(x+6)(x-2)=0$

$x=-6$에서 극솟값

$f(-6)=216-216-216+c=-216+c$을 갖고

$x=2$에서 극댓값

$f(2)=-8-24+72+c=40+c$을 가진다.

따라서 $-216+c<k<40+c$이므로

$b-a=(40+c)-(-216+c)=256$

20) 정답 19
[그림 : 서태욱T]

곡선 $y=-a\sin 2x+1$은 주기가 π이고 $\left(\frac{3}{2}\pi,1\right)$, $(2\pi,1)$을 지난다.

$a>1$이므로 구간 $\left[\frac{3}{2}\pi,2\pi\right]$에서 최댓값이 $a+1>2$이다.

따라서 함수 $f(x)$의 그래프 개형은 그림과 같다.

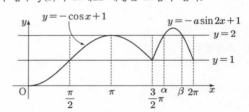

$y=-a\sin 2x+1$ $\left(\frac{3}{2}\pi\leq x\leq 2\pi\right)$와 직선 $y=2$이 만나는 점의

x좌표를 α, β라 하면 $x=\alpha$와 $x=\beta$는 $x=\frac{7}{4}\pi$에 대칭이므로

$\alpha+\beta=\frac{7}{2}\pi$이다.

방정식 $f(x)=1$의 실근의 합은 $\frac{\pi}{2}+\frac{3}{2}\pi+2\pi=4\pi$

방정식 $f(x)=2$의 실근의 합은 $\pi+\alpha+\beta=\frac{9}{2}\pi$

따라서

x에 대한 방정식 $f(x)=f(t)$의 서로 다른 실근의 개수가 3이

되도록 하는 모든 t의 값의 합은 $4\pi+\frac{9\pi}{2}=\frac{17}{2}\pi$이다.

그러므로 $p=2$, $q=17$

$\therefore p+q=19$

21) 정답 247

[검토자 : 강동희T]

부등식의 양 끝값이 같은 경우는

$k^2 + 4k = 3k + 2$

$k^2 + k - 2 = 0$

$(k-1)(k+2) = 0$

$k = -2$ 또는 $k = 1$

이다.

-1과 0을 제외한 모든 정수 k에 대하여 성립해야 하므로

$k = -2$일 때, $-4 \leq \dfrac{f(0) - f(-3)}{10} \leq -4$

에서 $f(0) - f(-3) = -40$이다. …… ㉠

$k = 1$일 때, $5 \leq \dfrac{f(3) - f(0)}{10} \leq 5$

에서 $f(3) - f(0) = 50$이다. …… ㉡

㉠, ㉡에서 $f(3) - f(-3) = 10$이다. …… ㉢

$f(x) = x^3 + ax^2 + bx + c$라 하면

$f(3) = 27 + 9a + 3b + c$

$f(-3) = -27 + 9a - 3b + c$

㉢에서 $f(3) - f(-3) = 54 + 6b = 10$

$b = -\dfrac{22}{3}$

따라서 $f(x) = x^3 + ax^2 - \dfrac{22}{3}x + c$

$\displaystyle \int_{-1}^{1} x f(x) dx$

$\displaystyle = \int_{-1}^{1} \left(x^4 + ax^3 - \dfrac{22}{3}x^2 + cx \right) dx$

$\displaystyle = 2 \int_{0}^{1} \left(x^4 - \dfrac{22}{3}x^2 \right) dx$

$\displaystyle = 2 \left[\dfrac{1}{5}x^5 - \dfrac{22}{9}x^3 \right]_{0}^{1}$

$= 2 \left(\dfrac{1}{5} - \dfrac{22}{9} \right)$

$= 2 \times \dfrac{9 - 110}{45}$

$= 2 \times \left(-\dfrac{101}{45} \right)$

$= -\dfrac{202}{45}$

$\left| \displaystyle \int_{-1}^{1} x f(x) dx \right| = \dfrac{202}{45} = \dfrac{q}{p}$

$p = 45$, $q = 202$이다.

따라서 $p + q = 247$이다.

[다른 풀이]

함수 $f(x)$가 최고차항의 계수가 1인 삼차함수이므로

$g(x) = \dfrac{f(x+2) - f(x-1)}{10}$라 하면 함수 $g(x)$는 최고차항의 계수가

$\dfrac{9}{10}$인 이차함수이다.

$k^2 + 4k = 3k + 2$

$k^2 + k - 2 = 0$

$(k-1)(k+2) = 0$

$k = -2$ 또는 $k = 1$

따라서 직선 $y = 3x + 2$와 곡선 $y = x^2 + 4x$은 그림과 같은 상황이다.

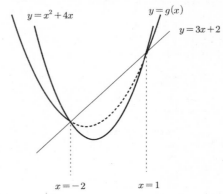

$y = x^2 + 4x$ $y = g(x)$ $y = 3x + 2$

$x = -2$ $x = 1$

따라서

$g(x) = \dfrac{9}{10}(x+2)(x-1) + 3x + 2$

$f(x+2) - f(x-1) = 9(x+2)(x-1) + 30x + 20$ …… ㉠

$f'(x+2) - f'(x-1) = 9(x-1) + 9(x+2) + 30$ …… ㉡

$f(x) = x^3 + ax^2 + bx + c$라 하면

$f'(x) = 3x^2 + 2ax + b$이다.

㉡의 양변에 $x = 1$을 대입하면

$f'(3) - f'(0) = 57 \;\to\; 27 + 6a = 57$에서 $a = 5$

㉠의 양변에 $x = 1$을 대입하면

$f(3) - f(0) = 50 \;\to\; 72 + 3b = 50$에서 $b = -\dfrac{22}{3}$이다.

그러므로 $f(x) = x^3 + 5x^2 - \dfrac{22}{3}x + c$이다.

이하 동일

22) 정답 5

[검토자 : 김경민T]

(나)에서

$a_{n+1} = -a_n + \dfrac{a_1}{3}$ 또는 $a_{n+1} = -\dfrac{a_n}{a_1}$이다.

(i) 정방향으로

a_1	a_2	a_3
		a_1
	$-\dfrac{2a_1}{3}$	$\dfrac{2}{3}$
a_1		
	-1	$1 + \dfrac{a_1}{3}$
		$\dfrac{1}{a_1}$

(ii) 역방향으로

a_5	a_4	a_3
		$0\ (X)$
	$\dfrac{a_1}{3}$	$-\dfrac{(a_1)^2}{3}$
0		
	0	$\dfrac{a_1}{3}$
		$0\ (X)$

(i), (ii)에서

① $a_1=-\dfrac{(a_1)^2}{3}$ 에서 $a_1=-3$

② $a_1=\dfrac{a_1}{3}$ 에서 $a_1=0$ → (가)에서 $a_3=0$이므로 모순

③ $\dfrac{2}{3}=-\dfrac{(a_1)^2}{3}$ 에서 $(a_1)^2=-2$으로 모순

④ $\dfrac{2}{3}=\dfrac{a_1}{3}$ 에서 $a_1=2$

⑤ $1+\dfrac{a_1}{3}=-\dfrac{(a_1)^2}{3}$ 에서 $(a_1)^2+a_1+3=0$으로 실수 a_1은 존재하지 않는다.

⑥ $1+\dfrac{a_1}{3}=\dfrac{a_1}{3}$ → 모순

⑦ $\dfrac{1}{a_1}=-\dfrac{(a_1)^2}{3}$ 에서 $(a_1)^3=-3$에서 $a_1=-\sqrt[3]{3}$

⑧ $\dfrac{1}{a_1}=\dfrac{a_1}{3}$ 에서 $(a_1)^2=3$에서 $a_1=\pm\sqrt{3}$

따라서 ①~⑧에서 가능한 실수 a_1은
$-3,\ 2,\ -\sqrt[3]{3},\ -\sqrt{3},\ \sqrt{3}$으로 개수는 5이다.

확률과통계
[출제자:황보백T]

23) 정답 ④

A → B 경로의 수 : $\dfrac{8!}{5!3!}=56$이고

A → P → B의 경우의 수는

A → P 경로의 수 : $\dfrac{4!}{2!2!}=6$

P → B 경로의 수 : $\dfrac{4!}{3!1!}=4$

에서 $6\times4=24$이다.
따라서 $56-24=32$

24) 정답 ⑤

$P(A\cup B)=\dfrac{5}{6}$에서

$P(A)+P(B)-P(A\cap B)=\dfrac{5}{6}$ … ㉠

두 사건 A와 B가 서로 독립이므로
$P(A\cap B)=P(A)P(B)$ … ㉡
㉠, ㉡에서

$P(A)+P(B)-P(A)P(B)=\dfrac{5}{6}$

이때, $P(A)=\dfrac{1}{3}$이므로

$\dfrac{1}{3}+P(B)-\dfrac{1}{3}P(B)=\dfrac{5}{6},\ \dfrac{2}{3}P(B)=\dfrac{1}{2}$
따라서
$P(B)=\dfrac{3}{4}$

25) 정답 ⑤

$(x+\sqrt[3]{3})^6=\displaystyle\sum_{r=0}^{6}{}_6C_r(\sqrt[3]{3})^{6-r}x^r\ (r=0,\ 1,\ 2,\ \cdots,\ 6)$

유리수가 되는 꼴은

(i) $x^6 \Rightarrow 1$

(ii) ${}_6C_3\times x^3\times(\sqrt[3]{3})^3 \Rightarrow 20\times3=60$

(iii) $(\sqrt[3]{3})^6 \Rightarrow 9$

$\therefore\ 1+60+9=70$

26) 정답 ②

$A=\{1,\ 2,\ 3,\ 4\},\ P(A)=\dfrac{2}{3}$

n의 배수의 눈이 나오는 사건을 $B_n(n=1,\ 2,\ 3,\ 4,\ 5,\ 6)$,

$P(B_n)=\dfrac{y}{6}$라 하자.

두 사건 A, B_n이 서로 독립이 되려면
$P(A\cap B_n)=P(A)P(B_n)$이어야 한다.
$n(A\cap B_n)=x$라 하면

$\dfrac{x}{6}=\dfrac{2}{3}\times\dfrac{y}{6}$이므로 $3x=2y$

$x=2,\ y=3$일 때, $n=2$
$x=4,\ y=6$일 때, $n=1$
모든 n의 값의 합은 $1+2=3$

27) 정답 ②

준식에서

$P(X=0)=P(X=-2)=P(X=2)=p_1$

$P(X=1)=P(X=-1)=p_2$

라 하면 확률분포표는 다음과 같다.

X	-2	-1	0	1	2	계
$P(X=x)$	p_1	p_2	p_1	p_2	p_1	1

$3p_1+2p_2=1$ ······ ㉠

$E(X)=-2p_1-p_2+p_2+2p_1=0$

$E(X^2)=4p_1+p_2+p_2+4p_1=8p_1+2p_2$

$V(X)=E(X^2)-E(X)=\dfrac{9}{4}$에서

$8p_1+2p_2=\dfrac{9}{4}$ ······ ㉡

㉠, ㉡에서 $5p_1=\dfrac{5}{4}$

따라서 $p_1=\dfrac{1}{4}$이다.

그러므로 $p_2=\dfrac{1}{8}$

$\therefore \ P(X=1)=p_2=\dfrac{1}{8}$

28) 정답 ③

1은 모든 자연수의 약수이고 6의 약수는 1, 2, 3, 6이고 4의 약수는 1, 2, 4이다.

(i) $f(1)\geq 2$이면 $f(a)<f(b)$이고 $f(a)$가 $f(b)$의 약수라는 조건을 만족시키는 a, b는 존재하지 않는다.

(ii) $f(1)=1$인 경우

$f(5)$의 값은 2, 3, 4, 5, 6이 가능하므로 5가지

① $f(2)=2$일 때,

$f(4)$의 값은 4, 6이 가능하므로 2가지

$f(6)$의 값은 4, 6이 가능하므로 2가지

이때, $f(3)$의 값은

$f(6)=4$일 때, $f(3)$의 값은 2만 가능하므로 1가지 ······ ㉠

$f(6)=6$일 때, $f(3)$의 값은 2, 3이 가능하므로 2가지

따라서 $5\times 2\times(1+2)=30$

② $f(2)=3$일 때,

$f(4)$의 값은 6이 가능하므로 1가지

$f(6)$의 값은 6이 가능하므로 1가지

이때, $f(3)$의 값은

$f(6)=6$일 때, $f(3)$의 값은 2, 3이 가능하므로 2가지

따라서 $5\times 1\times 2=10$

(i), (ii)에서 조건을 만족시키는 경우의 수는 $30+10=40$

이때, ㉠에서 $f(6)=4$인 경우는 $5\times 2\times 1=10$이다.

따라서 구하려는 확률은 $\dfrac{10}{40}=\dfrac{1}{4}$이다.

29) 정답 159

주사위를 4050번 던져서 6의 약수가 나온 횟수를 a, 6의 약수가 나오지 않은 횟수를 b라 하자.

A의 위치가 90이기 위한 자연수 a, b를 구해 보자.

$a+b=4050$

$2a-b=90$

에서 연립 방정식을 풀면 $3a=4140$이다.

$\therefore \ a=1380$

그러므로 A의 위치가 90이상이기 위해서는 $a\geq 1380$이다.

4050번 던져서 6의 약수가 나올 확률변수 X라 하면 확률은 $\dfrac{2}{3}$이므로 확률변수 X는 이항분포 $B\left(4050, \dfrac{2}{3}\right)$을 따른다.

따라서 $N(1350, 30^2)$을 따른다.

점 A의 위치가 90이상일 확률은

$P(X\geq 1380)=P(Z\geq 1)=0.5-0.341$이다.

$k=0.159$이므로 $1000k=159$이다.

30) 정답 188

[검토자 : 최수영T]

	1	2	3	계
검은색	x_1	x_2	x_3	4
빨간색	y_1	y_2	y_3	3

(i) 파란색 볼펜을 1번이 적힌 필통에 넣는 경우

$x_1+y_1\leq 1$, $x_2+y_2\geq 2$이므로

$x_1=0,\ y_1=0 \ \rightarrow \ {}_2H_4\times{}_2H_3-3=17$

$x_1=1,\ y_1=0 \ \rightarrow \ {}_2H_3\times{}_2H_3-3=13$

$x_1=0,\ y_1=1 \ \rightarrow \ {}_2H_4\times{}_2H_2-3=12$

따라서 $17+13+12=42$

(ii) 파란색 볼펜을 2번이 적힌 필통에 넣는 경우

$x_1+y_1\leq 2$에서 $x_2=y_2=0$인 경우를 제외하면

${}_2H_4\times({}_3H_3-1)+{}_2H_3\times({}_2H_3+{}_2H_2)+{}_2H_2\times{}_2H_3-6$

$=79$

(iii) 파란색 볼펜을 3번이 적힌 필통에 넣는 경우

$x_1+y_1\leq 2$에서 $x_2+y_2\leq 1$인 경우를 제외하면

${}_2H_4\times({}_3H_3-1)+{}_2H_3\times({}_2H_3+{}_2H_2)+{}_2H_2\times{}_2H_3-6\times 3=67$

(i), (ii), (iii)에서 $42+79+67=188$

미적분

[출제자:황보백T]

23) 정답 ①

$f(x) = \dfrac{ax}{\ln x}$ 에서

$f'(x) = \left(\dfrac{ax}{\ln x} \right)'$

$= \dfrac{(ax)' \times \ln x - ax \times (\ln x)'}{(\ln x)^2}$

$= \dfrac{a \times \ln x - ax \times \dfrac{1}{x}}{(\ln x)^2}$

$= \dfrac{a(-1 + \ln x)}{(\ln x)^2}$

$f'(e^3) = \dfrac{a(-1 + \ln e^3)}{(\ln e^3)^2}$

$= \dfrac{a\{(-1) + 3\}}{3^2}$

$= \dfrac{2a}{9} = 2$

따라서 $a = 9$

24) 정답 ①

$\lim_{n \to \infty} a_n b_n = 3$ 이고, $\lim_{n \to \infty} \dfrac{1}{a_n} = 0$ 이므로

$\lim_{n \to \infty} b_n = \lim_{n \to \infty} \dfrac{a_n b_n}{a_n}$

$= \lim_{n \to \infty} a_n b_n \times \lim_{n \to \infty} \dfrac{1}{a_n}$

$= 3 \times 0 = 0$

따라서

$\lim_{n \to \infty} \left\{ a_n (b_n)^2 - 3 a_n b_n - b_n + 3 \right\}$

$= \lim_{n \to \infty} \left\{ a_n b_n (b_n - 3) - (b_n - 3) \right\}$

$= \lim_{n \to \infty} (b_n - 3)(a_n b_n - 1)$

$= \lim_{n \to \infty} (b_n - 3) \times \lim_{n \to \infty} (a_n b_n - 1)$

$= (-3) \times 2 = -6$

25) 정답 ②

$\displaystyle\int_0^4 xf(x)\,dx = \int_0^4 xf(4-x)\,dx = \int_4^0 (4-t)f(t)(-dt)$

($t = 4 - x$ 로 치환 $dt = -dx$)

$= 4 \displaystyle\int_0^4 f(t)\,dt - \int_0^4 tf(t)\,dt$

$2 \displaystyle\int_0^4 xf(x)\,dx = 4 \int_0^4 f(x)\,dx$

$2 \displaystyle\int_0^4 xf(x)\,dx = 4 \times 7$

$\therefore \displaystyle\int_0^4 xf(x)\,dx = 14$

[랑데뷰팁]

$f(2a - x) = f(x)$ 일 때, $\displaystyle\int_0^{2a} xf(x)\,dx = a \int_0^{2a} f(x)\,dx$ 이다.

26) 정답 ②

수특

$\dfrac{\sqrt{3}}{4} \displaystyle\int_{\sqrt{\frac{\pi}{6}}}^{\sqrt{\frac{\pi}{4}}} x \sin x^2\,dx = -\dfrac{\sqrt{3}}{8} \left[\cos x^2 \right]_{\sqrt{\frac{\pi}{6}}}^{\sqrt{\frac{\pi}{4}}}$

$= \dfrac{3 - \sqrt{6}}{16}$

27) 정답 ②

[검토자 : 최현정T]

준식의 양변을 x에 대하여 미분하면

$f'(x) + f'(\tan x) \times \sec^2 x = \dfrac{\sec^2 x}{2}$ ...... ㉠

㉠의 양변에 $x = 0$을 대입하면 $f'(0) + f'(0) \times 1 = \dfrac{1}{2}$

$\therefore f'(0) = \dfrac{1}{4}$

㉠의 양변에 $x = \pi$를 대입하면 $f'(\pi) + f'(0) \times 1 = \dfrac{1}{2}$

$\therefore f'(\pi) = \dfrac{1}{4}$

같은 방법으로 모든 정수 n에 대하여 $f'(n\pi) = \dfrac{1}{4}$ 이다.

따라서 $\displaystyle\sum_{n=1}^{100} f'(n\pi) = \sum_{n=1}^{100} \dfrac{1}{4} = 25$

28) 정답 ④

[검토자 : 김상호T]

$g(x) = f'(2x)(x^2 - 1) + x^3$ 에서

$g(-1) = -1$, $g(1) = 1$ 이므로 역함수 성질에 의해

$g^{-1}(-1) = -1$, $g^{-1}(1) = 1$ 이므로

$\displaystyle\int_{-1}^1 g^{-1}(x)\,dx + \int_{-1}^1 g(x)\,dx = 0$

이다.

따라서

$\displaystyle\int_{-1}^1 f'(2x)(x^2 - 1)\,dx + 1 + \int_{-1}^1 \left\{ f'(2x)(x^2 - 1) + x^3 \right\}\,dx = 0$

$2 \displaystyle\int_{-1}^1 f'(2x)(x^2 - 1)\,dx + 1 = 0$

$\therefore \displaystyle\int_{-1}^1 f'(2x)(x^2 - 1)\,dx = -\dfrac{1}{2}$

$\int_{-1}^{1} f'(2x)(x^2-1)\,dx$ 에서 $2x=t$ 라 하면

$$= \frac{1}{2}\int_{-2}^{2} f'(t)\left(\frac{t^2}{4}-1\right)dt$$

$$= \frac{1}{2}\left\{\left[f(t)\left(\frac{t^2}{4}-1\right)\right]_{-2}^{2} - \int_{-2}^{2} f(t)\left(\frac{t}{2}\right)dt\right\}$$

$$= \frac{1}{2}\left(-\frac{1}{2}\int_{-2}^{2} tf(t)dt\right)$$

$$= -\frac{1}{4}\int_{-2}^{2} tf(t)dt$$

$$= -\frac{1}{2}$$

따라서 $\int_{-2}^{2} xf(x)dx = 2$ 이다.

29) 정답 63
[검토자 : 서영만T]

$\displaystyle\sum_{n=1}^{\infty} \frac{m(2n+m+1)}{n(n+1)(n+m)(n+m+1)}$ 에서

$(n+m)(n+m+1)-n(n+1)$

$= n^2+(2m+1)n+m(m+1)-n^2-n$

$= 2mn+m(m+1)$

$= m(2n+m+1)$ 이므로

$\displaystyle\sum_{n=1}^{\infty} \frac{m(2n+m+1)}{n(n+1)(n+m)(n+m+1)}$

$\displaystyle= \sum_{n=1}^{\infty} \frac{m(2n+m+1)}{m(2n+m+1)}\left\{\frac{1}{n(n+1)}-\frac{1}{(n+m)(n+m+1)}\right\}$

$\displaystyle= \sum_{n=1}^{\infty}\left\{\frac{1}{n(n+1)}-\frac{1}{(n+m)(n+m+1)}\right\}$

$\displaystyle= \frac{1}{1\times2}+\frac{1}{2\times3}+\cdots+\frac{1}{m(m+1)}$

$\displaystyle\therefore S_m = \frac{1}{1\times2}+\frac{1}{2\times3}+\cdots+\frac{1}{m(m+1)}$

따라서

$S_1 = \frac{1}{2}$ 이고

$S_m - S_{m-1} = a_m\ (m\geq2)$ 에서 $a_m = \frac{1}{m(m+1)}\ (m\geq2)$ 이다.

$S_1 = a_1 = \frac{1}{2}$ 이므로 $a_m = \frac{1}{m(m+1)}$ 이다.

$\dfrac{a_1\times a_{10}}{a_5\times a_{21}} = \dfrac{\frac{1}{2}\times\frac{1}{10\times11}}{\frac{1}{5\times6}\times\frac{1}{21\times22}}$

$= \dfrac{5\times6\times21\times22}{2\times10\times11} = 63$

30) 정답 5
[그림 : 이정배T]
[검토자 : 이지훈T]

$f(x)=\begin{cases}(1-x)\ln(1-x) & (x<0) \\ (1-x)\ln(1+x) & (x\geq0)\end{cases}$ 이다.

$f_1(x)=(1-x)\ln(1-x)$ 라 하고 곡선 $y=f_1(x)\ (x<1)$의 개형을 파악해 보자.

$f_1{}'(x)=-\ln(1-x)-1$

$f_1{}'(x)=0 \rightarrow \ln(1-x)=-1 \rightarrow 1-x=\frac{1}{e} \rightarrow x=1-\frac{1}{e}$

증감표에서 함수 $f_1(x)$는 $x=1-\frac{1}{e}$에서 극솟값을 갖는다.

$f_1\left(1-\frac{1}{e}\right)=\frac{1}{e}\ln\frac{1}{e}=-\frac{1}{e}$ 이다.

$\displaystyle\lim_{x\to1^-}f_1(x)=0$이므로 곡선 $y=f_1(x)\ (x<1)$의 개형은 다음과 같다.

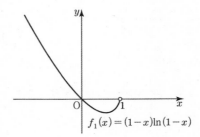

$f_1(x)=(1-x)\ln(1-x)$

같은 방법으로
$f_2(x)=(1-x)\ln(1+x)$의 그래프 개형을 파악해 보면 다음과 같다.

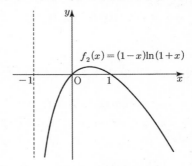

$f_2(x)=(1-x)\ln(1+x)$

따라서 함수 $f(x)$의 그래프는 다음과 같다. …… ㉠

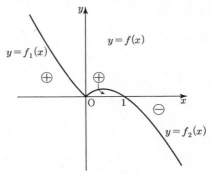

$y=f_1(x)$　$y=f(x)$　$y=f_2(x)$

한편,

$$\int (1-x)\ln(1-x)\,dx$$

$$= \left(x - \frac{1}{2}x^2\right)\ln(1-x) - \int \left(x - \frac{1}{2}x^2\right)\left(\frac{-1}{1-x}\right)dx$$

$$= \left(x - \frac{1}{2}x^2\right)\ln(1-x) + \int \left(\frac{x^2 - 2x}{2}\right)\left(\frac{1}{x-1}\right)dx$$

$$= \left(x - \frac{1}{2}x^2\right)\ln(1-x) + \int \left(\frac{(x-1)^2 - 1}{2}\right)\left(\frac{1}{x-1}\right)dx$$

$$= \left(x - \frac{1}{2}x^2\right)\ln(1-x) + \int \frac{x-1}{2}\,dx + \int \frac{1}{2(1-x)}\,dx$$

$$= \left(x - \frac{1}{2}x^2\right)\ln(1-x) + \frac{1}{4}x^2 - \frac{1}{2}x - \frac{\ln(1-x)}{2} + C_1$$

$$= \frac{x^2 - 2x}{4} - \frac{x^2 - 2x + 1}{2}\ln(1-x) + C_1$$

$$= \frac{x^2 - 2x}{4} - \frac{1}{2}(x-1)^2\ln(1-x) + C_1 \text{이다}$$

$F_1(x) = \dfrac{x^2 - 2x}{4} - \dfrac{1}{2}(x-1)^2\ln(1-x) + C_1$라 하자.

같은 계산으로

$$\int (1-x)\ln(1+x)\,dx$$

$$= \frac{x^2 - 6x}{4} - \frac{1}{2}(x^2 - 2x - 3)\ln(1+x) + C_2 \text{이다}.$$

$F_2(x) = \dfrac{x^2 - 6x}{4} - \dfrac{1}{2}(x^2 - 2x - 3)\ln(1+x) + C_2$라 하자.

$$F(x) = \begin{cases} F_1(x) & (x < 0) \\ F_2(x) & (x \geq 0) \end{cases}$$

함수 $F(x)$가 실수 전체의 집합에서 연속이므로
$F_1(0) = F_2(0)$이다.
따라서 $C_1 = C_2$이다.
$F(0) = C$라 하면 ㉠에서 $f(x)$는 $x < 1$에서 양수이고 $x > 1$에서 음수이다. …… ㉡
따라서 $F(x)$는 $x = 1$에서 극대이고 최대이다.
조건 (가)에서 모든 실수 x에 대하여 $F(x) \leq 0$이므로
$F(1) \leq 0$이면 된다.

$$F(1) = F_2(1) = -\frac{5}{4} + 2\ln 2 + C \leq 0$$

따라서 $C \leq \dfrac{5}{4} - 2\ln 2$

그러므로 $F(0)$의 최댓값은 $\dfrac{5}{4} - 2\ln 2$이다.

$p = \dfrac{5}{4}$, $q = -2$이다.

그러므로 $p \times q^2 = \dfrac{5}{4} \times (-2)^2 = 5$이다.

[랑데뷰팁] – ㉡설명
$f(x) = (1-x)\ln(1+|x|)$에서 $\ln(1+|x|) \geq 0$이므로 $f(x)$는 $x < 1$에서 양수이고 $x > 1$에서 음수이다.

기하

[출제자: 황보백T]

23) 정답 ⑤

24) 정답 ④
$y^2 = 4px$의 준선은 $x = -p$이므로
$y^2 = 4p(x-1)$의 준선은 $x = -p + 1$
$-p + 1 = 2$에서 $p = -1$
$y^2 = 4p(x-1) = -4(x-1)$에 $x = k, y = 8$을 대입하면
$8^2 = -4(k-1)$, $k - 1 = -16$
$k = -15$
따라서 $p + k = (-1) + (-15) = -16$

25) 정답 ⑤
교점 P의 좌표를 (x_1, y_1)이라 하면 접선의 방정식은 각각

$$y_1 y = 4(x + x_1),\quad \frac{x_1 x}{a^2} + \frac{y_1 y}{b^2} = 1$$

두 접선이 수직이므로 기울기의 곱

$$\left(\frac{4}{y_1}\right)\left(-\frac{b^2 x_1}{a^2 y_1}\right) = -\frac{4b^2 x_1}{a^2 y_1^2} = -\frac{4b^2 x_1}{8a^2 x_1} = -1 \quad (y_1 \neq 0)$$

$$\therefore \frac{b^2}{a^2} = 2$$

[랑데뷰팁]

포물선 $y^2 = 4px$ 와 타원 $\dfrac{x^2}{a^2} + \dfrac{y^2}{b^2} = 1$ 이 서로 만나는

점에서의 접선이 수직이면 $b^2 = 2a^2$ 이다.

26) 정답 ③
구 S의 방정식은
$(x+1)^2 + (y-2)^2 + (z+3)^2 = 14 - k$
구 S의 중심을 C라 하면 C$(-1, 2, -3)$이고,
반지름의 길이는 $\sqrt{14-k}$이다.
점 C에서 x축에 내린 수선의 발을 H라 하면
H$(-1, 0, 0)$이므로
$\overline{CH} = \sqrt{0^2 + 2^2 + (-3)^2} = \sqrt{13}$
구 S가 x축에 접하려면 $\sqrt{14-k} = \overline{CH}$이어야 하므로
$\sqrt{14-k} = \sqrt{13}$
$\therefore k = 1$
구 S의 방정식은
$(x+1)^2 + (y-2)^2 + (z+3)^2 = 13$ ……㉠
㉠에 $x = 0$을 대입하여 정리하면
$(y-2)^2 + (z+3)^2 = 12$
이므로 구 S와 yz평면이 만나서 생기는 원은 중심이

점 $(0,\ 2,\ -3)$이고, 반지름의 길이가 $\sqrt{12}=2\sqrt{3}$인 원이다. 따라서 구하는 원의 넓이는 $(2\sqrt{3})^2\pi=12\pi$

27) 정답 ⑤

$|\overrightarrow{PA}+\overrightarrow{PB}|=2\sqrt{2}$ 에서

$2|\overrightarrow{PM}|=2\sqrt{2}$, $|\overrightarrow{PM}|=\sqrt{2}$

점 P는 중심이 $M(14,\ 6)$이고 반지름 $\sqrt{2}$인 원 위의 점이다.

$\overrightarrow{OB}\cdot\overrightarrow{OP}$이 최대가 되려면 직선 OB에 수직인 직선이 이 원과 접하는 점 중에서 선분 OP가 가장 클 때이다.

직선 OB에 수직이고 점 Q를 지나는 직선과 직선 MQ는 서로 수직이므로 직선 OB와 직선 MQ는 평행하다.

$\overrightarrow{OA},\ \overrightarrow{MQ}$가 이루는 각의 크기는 $\overrightarrow{OA},\ \overrightarrow{OB}$가 이루는 각의 크기와 같다.

$\overrightarrow{OA},\ \overrightarrow{MQ}$가 이루는 예각 θ라 하자.

$|\overrightarrow{OA}|=12$, $|\overrightarrow{MQ}|=\sqrt{2}$

$\cos\theta=\dfrac{\overrightarrow{OA}\cdot\overrightarrow{OB}}{|\overrightarrow{OA}||\overrightarrow{OB}|}=\dfrac{12\times16+0\times12}{12\times20}=\dfrac{4}{5}$

$\overrightarrow{OA}\cdot\overrightarrow{MQ}=|\overrightarrow{OA}|\times|\overrightarrow{MQ}|\times\cos\theta$

$\qquad\qquad =12\times\sqrt{2}\times\dfrac{4}{5}=\dfrac{48\sqrt{2}}{5}$

28) 정답 ③

[출제자 : 이호진T]

[검토자 : 강동희T]

점 B와 원점 사이의 거리는 15이므로 도형 C_2의 중심과 원점 사이의 거리는 $\dfrac{64}{15}$이고 이는 아래 그림과 같이 나타난다.

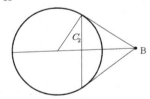

마찬가지로 점 A와 원점 사이의 거리는 a이므로 C_1의 중심과 원점 사이의 거리는 $\dfrac{64}{a}$이다.

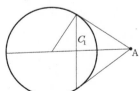

$\sin(\angle N_1ON_2)=\dfrac{4\sqrt{5}}{9}$에서 $\cos(\angle N_1ON_2)=-\dfrac{1}{9}$이고 구의 반지름이 8이므로 N_1N_2의 길이는 cos법칙에 의해

$\dfrac{64+64-x^2}{2\times8\times8}=-\dfrac{1}{9}$에서 N_1N_2의 길이는 $\dfrac{16\sqrt{5}}{3}$이고 N_1N_2의 중점을 M이라 하였을 때, $\overline{OM}$의 길이는 $\dfrac{16}{3}$이다.

$\overrightarrow{OA}\cdot\overrightarrow{OB}=0$이므로 아래 그림과 같이 표현되며

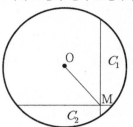

$\dfrac{64}{a}$, $\dfrac{64}{15}$, $\dfrac{64}{12}$가 피타고라스 정리를 만족시켜야 하므로 $a=20$이다.

29) 정답 320

[출제자 : 황보성호T]

[그림 : 이정배T]

[검토자 : 필재T]

점 P가 포물선 위의 점이므로 $\overline{PF'}=\overline{PH}$

($\triangle$PHF의 둘레)$=\overline{PH}+\overline{HF}+\overline{FP}$

($\triangle$PHF'의 둘레)$=\overline{PH}+\overline{HF'}+\overline{F'P}$

에서 $\overline{HF}=\overline{HF'}$

두 삼각형의 둘레의 차가 5이므로 $\overline{FP}-\overline{F'P}=5$

$\overline{PH}=k\,(k>4)$라 하면 $\overline{PF'}=k$, $\overline{PF}=k+5$

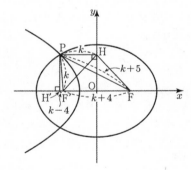

점 P에서 x축에 내린 수선의 발을 H'라 하자.

$\overline{H'F'}=\overline{H'O}-\overline{F'O}=\overline{PH}-\overline{F'O}=k-4$

$\overline{H'F}=\overline{H'O}+\overline{OF}=\overline{PH}+\overline{OF}=k+4$

$\triangle$PF'H'에서 $\overline{PH'}^2=k^2-(k-4)^2=8k-16$

$\triangle$PFH'에서 $\overline{PH'}^2=(k+5)^2-(k+4)^2=2k+9$

이므로 $8k-16=2k+9$에서 $k=\dfrac{25}{6}$

점 P가 타원 위의 점이므로 $\overline{PF}+\overline{PF'}=2a$

즉, $2a=2k+5=\dfrac{40}{3}$ $\quad\therefore a=\dfrac{20}{3}$

타원에서 $c^2=a^2-b^2$이므로 $16=\dfrac{400}{9}-b^2$, $b^2=\dfrac{256}{9}$

$\therefore b=\dfrac{16}{3}$

$\therefore 9ab=320$

30) 정답 324

[그림 : 도정영T]

[검토자 : 필재T]

$\overrightarrow{OG} = (-6, -6)$이고

$E'(0, 1)$, $F'(1, 0)$이라 하고 삼각형 $E'OF'$위를 움직이는 점을 Q'라 할 때,

$\overrightarrow{CQ} = \overrightarrow{OQ'}$

이므로

$\overrightarrow{OQ} = \overrightarrow{OC} + \overrightarrow{CQ} = (8, 8) + \overrightarrow{OQ'}$

따라서

$\overrightarrow{PQ} = \overrightarrow{OQ} - \overrightarrow{OP} = (8, 8) + \overrightarrow{OQ'} - \overrightarrow{OP}$

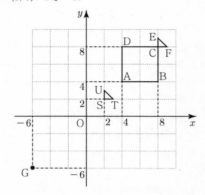

따라서

$\left| \overrightarrow{PQ} + \overrightarrow{OG} \right| = \left| (2, 2) + \overrightarrow{OQ'} - \overrightarrow{OP} \right|$ ...... ㉠

이고 세 점 $S(2, 2)$, $T(3, 2)$, $U(2, 3)$위를 움직이는 점을 X라 할 때.

$(2, 2) + \overrightarrow{OQ'} = \overrightarrow{OX}$이므로

㉠에서

$\left| \overrightarrow{PQ} + \overrightarrow{OG} \right| = \left| \overrightarrow{OX} - \overrightarrow{OP} \right| = \left| \overrightarrow{PX} \right| = \left| \overrightarrow{PX} \right|$이다.

따라서 $P(8, 8)$, $X(2, 2)$일 때, 최댓값 $M = \sqrt{6^2 + 6^2} = 6\sqrt{2}$이고

최솟값 m은 $P(4, 4)$와 두 점 T, U를 지나는 직선

$y = -x + 5$와의 거리이다.

따라서 $m = \dfrac{3}{\sqrt{2}}$

그러므로 $M^2 \times m^2 = 72 \times \dfrac{9}{2} = 324$이다.

공통과목

1	②	2	②	3	①	4	④	5	②
6	⑤	7	⑤	8	⑤	9	②	10	④
11	①	12	④	13	③	14	③	15	①
16	3	17	20	18	16	19	34	20	4
21	90	22	182						

확률과통계

23	④	24	⑤	25	⑤	26	②	27	②
28	④	29	39	30	385				

미적분

23	①	24	①	25	②	26	④	27	①
28	③	29	25	30	4				

기하

23	⑤	24	④	25	⑤	26	③	27	⑤
28	①	29	24	30	109				

풀이

공통과목
[출제자 : 황보백T]

1) 정답 ②

$\sqrt{9} \times \sqrt[3]{27} = 3 \times 3 = 9$

2) 정답 ②

$\lim\limits_{h \to 0} \dfrac{f(1+2h)-1}{h} = 2$에서 $h \to 0$일 때 (분모)$\to 0$이고 극한값이 존재하므로 (분자)$\to 0$이어야 한다.

즉, $\lim\limits_{h \to 0}\{f(1+2h)-1\} = f(1)-1 = 0$이므로

$f(1) = 1$

따라서

$\lim\limits_{h \to 0} \dfrac{f(1+2h)-1}{h} = \lim\limits_{h \to 0} \dfrac{f(1+2h)-f(1)}{h} = \lim\limits_{h \to 0} \dfrac{f(1+2h)-f(1)}{2h} \times 2$

$\qquad\qquad = 2f'(1) = 2$

이므로 $f'(1) = 1$

따라서 $f(1) + f'(1) = 1 + 1 = 2$

3) 정답 ①

등비수열 $\{a_n\}$의 공비를 $r \ (r > 0)$이라 하면

$2a_2 = 3a_4$에서

$2a_1 r = 3a_1 r^3$

$r^2 = \dfrac{2}{3}$

따라서 $a_5 = a_1 r^4 = 27 \times \left(\dfrac{2}{3}\right)^2 = 12$

4) 정답 ④

$f(x) = \begin{cases} x+1 & (x \le a) \\ 3x^2 - x & (x > a) \end{cases}$에서

$\lim\limits_{x \to a} f(x)$의 값이 존재하려면

$\lim\limits_{x \to a-} f(x) = \lim\limits_{x \to a+} f(x)$이어야 하므로

$\lim\limits_{x \to a-} f(x) = \lim\limits_{x \to a-} (x+1) = a+1$

$\lim\limits_{x \to a+} f(x) = \lim\limits_{x \to a+} (3x^2 - x) = 3a^2 - a$

에서 $a+1 = 3a^2 - a$

$3a^2 - 2a - 1 = 0, \ (3a+1)(a-1) = 0$

$a = -\dfrac{1}{3}$ 또는 $a = 1$

따라서 구하는 모든 실수 a의 값의 합은

$-\dfrac{1}{3} + 1 = \dfrac{2}{3}$

5) 정답 ②

$f(x) = (2x-3)(x^2 - 4x + 1)$에서

$f'(x) = 2 \times (x^2 - 4x + 1) + (2x-3) \times (2x-4)$이므로

$f'(1) = 2 \times (1 - 4 + 1) + (2-3) \times (2-4) = -4 + 2 = -2$

6) 정답 ⑤

$\cos\left(\dfrac{\pi}{2} - \theta\right) = \sin\theta < 0$이므로

$\sin\theta = -\sqrt{1 - \cos^2\theta} = -\sqrt{1 - \dfrac{11}{36}} = -\dfrac{5}{6}$

$\tan\theta = \dfrac{\sin\theta}{\cos\theta} = \dfrac{-\dfrac{5}{6}}{\dfrac{\sqrt{11}}{6}} = -\dfrac{5\sqrt{11}}{11}$

따라서

$\tan(3\pi - \theta) = \tan(-\theta) = -\tan\theta = \dfrac{5\sqrt{11}}{11}$

7) 정답 ⑤

$\int_a^x f(t)dt = x^2 - 2x$ …… ㉠

㉠ 의 양변에 $x = a$를 대입하면

$0 = a^2 - 2a,\ a(a-2) = 0$

$a = 0$ 또는 $a = 2$

㉠ 의 양변을 x에 대하여 미분하면

$f(x) = 2x - 2$

$a = 0$이면 $f(a) = f(0) = -2 < 0$

$a = 2$이면 $f(a) = f(2) = 2 > 0$

따라서 $a = 2$

8) 정답 ⑤

[출제자 : 김수T]

[검토자 : 최수영T]

$a = \log 6^{\frac{2}{\log 3}} + \log_3 \dfrac{1}{9} = \dfrac{2}{\log 3} \log 6 + \log_3 \dfrac{1}{9}$

$\quad = 2\log_3 6 + \log_3 \dfrac{1}{9}$

$\quad = \log_3 \left(36 \times \dfrac{1}{9} \right) = \log_3 4$

$b = \log_2 27$

$a \times b = \log_3 4 \times \log_2 27 = \log_3 27 \times \log_2 4 = 3 \times 2 = 6$

9) 정답 ②

[출제자 : 오세준T]

[검토자 : 최수영T]

$\int_a^2 (4x^3 + 6x^2 + k)\,dx = \int_{-2}^2 (4x^3 + 6x^2 + k)\,dx$에서

$\left[x^4 + 2x^3 + kx \right]_a^2 = \left[x^4 + 2x^3 + kx \right]_{-2}^2$이므로

$a^4 + 2a^3 + ka = 16 - 16 - 2k$

$a^4 + 2a^3 + ka + 2k = 0$

$a^3(a+2) + k(a+2) = 0$

$(a^3 + k)(a+2) = 0$

$a \neq -2$이므로 $k = -a^3$

$0 < k < 3$이므로 $0 < -a^3 < 3,\ -3 < a^3 < 0$

$\therefore\ a = -1$

10) 정답 ④

[검토자 : 이덕훈T]

$a > 0$이고 $f(0) = a + b$로 최대이고 최댓값이 13이므로

$a + b = 13$이다.

함수 $f(x)$의 주기는 $\dfrac{2\pi}{b}$이고 $f\left(\dfrac{2n\pi}{b} \right) = a\cos 2n\pi + b = a + b$

(n은 자연수)이므로

$f\left(\dfrac{2\pi}{b} \right) = f\left(\dfrac{4\pi}{b} \right) = f\left(\dfrac{6\pi}{b} \right) = \cdots = a + b$

에서 $x = \dfrac{\pi}{6}$에서 최댓값 $a+b$를 가지므로

(i) $\dfrac{2\pi}{b} = \dfrac{\pi}{6}$일 때,

$b = 12$이고 $a + b = 13$에서 $a = 1$이다.

$\therefore\ f(x) = \cos 12x + 12$

이므로 함수 $f(x)$의 최솟값은 11이다.

(ii) $\dfrac{4\pi}{b} = \dfrac{\pi}{6}$일 때,

$b = 24$이고 $a + b = 13$에서 $a = -11$로 모순이다.

→ $b > 12$이면 자연수 a의 값은 존재하지 않는다.

(i), (ii)에서 $f(x)$의 최솟값은 11이다.

11) 정답 ①

[검토자 : 최현정T]

$x = t^4 - 2t^2 - 24t$

$v = 4t^3 - 4t - 24$

$\quad = 4(t^3 - t - 6)$

$\quad = 4(t-2)(t^2 + 2t + 3)$

$v = 0 \to t = 2$

따라서 점 P가 운동 방향을 바꾸는 시각은 $t = 2$이다.

그러므로 $a = 12t^2 - 4$에서 $t = 2$일 때, $a = 48 - 4 = 44$이다.

12) 정답 ④

[출제자 : 이호진T]

[검토자 : 장세완T]

주어진 식

$\displaystyle\sum_{k=1}^n \dfrac{a_k}{b_{k+3}} = \dfrac{n^4 + 2n^3 + n^2}{16}$ 의 양변에 $n = 1$을 대입하면

$\dfrac{a_1}{b_4} = \dfrac{1}{4}$에서 $b_4 = 4$이고 등차수열 $b_n = n$임을 알 수 있다.

따라서 주어진 식은

$\displaystyle\sum_{k=1}^n \dfrac{a_k}{(k+3)} = \dfrac{n^2(n+1)^2}{16}$ 로 정리할 수 있다.

$\displaystyle\sum_{k=1}^n \dfrac{a_k}{(k+3)} = \dfrac{1}{4}\left\{ \dfrac{n(n+1)}{2} \right\}^2$ 로 정리 할 수 있다.

이때, $\displaystyle\sum_{k=1}^n k^3 = \left\{ \dfrac{n(n+1)}{2} \right\}^2$ 를 만족하므로

$\dfrac{a_k}{(k+3)} = \dfrac{1}{4}k^3$임을 알 수 있다.

따라서 $a_k = \dfrac{1}{4}k^3(k+3)$에서

$a_2 = \dfrac{1}{4} \times 8 \times 5 = 10$

$a_3 = \dfrac{1}{4} \times 27 \times 6 = \dfrac{81}{2}$이므로

$a_3 - a_2 = \dfrac{61}{2}$ 이다.

13) 정답 ③
[그림 : 최성훈T]
[검토자 : 오정화T]

$\lim_{x \to 1} \dfrac{f(x)}{x-1} = 0 \rightarrow f(1) = 0, \ f'(1) = 0$

에서 $f(x) = (x-1)^2(x+a)$라 할 수 있다.

$f'(x) = 2(x-1)(x+a) + (x-1)^2$
$\qquad = (x-1)(2x+2a+x-1)$
$\qquad = (x-1)(3x+2a-1)$

$f'(x) = 0 \rightarrow x = 1, \ x = \dfrac{1-2a}{3}$

함수 $f(x)$는 $x=1$에서 극솟값 0을 가지므로 $x = \dfrac{1-2a}{3}$에서

극댓값 4를 가져야 한다.

$f\left(\dfrac{1-2a}{3}\right) = \left(\dfrac{-2-2a}{3}\right)^2\left(\dfrac{1+a}{3}\right) = \dfrac{4}{27}(1+a)^3 = 4$

$(1+a)^3 = 27$

$\therefore a = 2$

$f(x) = (x-1)^2(x+2)$

따라서 점 P(2, 4)이고 직선 OP는 $y = 2x$이다.

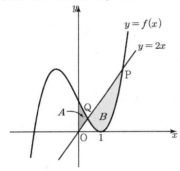

선분 OP와 곡선 $y = f(x)$가 만나는 점 Q의 x좌표를 t라 하면

$A = \displaystyle\int_0^t \{f(x) - 2x\}dx, \ B = \int_t^2 \{2x - f(x)\}dx$

이므로

$B - A = \displaystyle\int_t^2 \{2x - f(x)\}dx - \int_0^t \{f(x) - 2x\}dx$

$\qquad = \displaystyle\int_t^2 \{2x - f(x)\}dx + \int_0^t \{2x - f(x)\}dx$

$\qquad = \displaystyle\int_0^2 \{2x - f(x)\}dx$

$\qquad = \displaystyle\int_0^2 \{2x - (x+2)(x-1)^2\}dx$

$\qquad = \displaystyle\int_0^2 (-x^3 + 5x - 2)dx$

$\qquad = \left[-\dfrac{1}{4}x^4 + \dfrac{5}{2}x^2 - 2x\right]_0^2$

$\qquad = -4 + 10 - 4 = 2$

14) 정답 ③
[출제자 : 이소영T]
[그림 : 도정영T]
[검토자 : 이지훈T]

삼각형 ABC의 외접원의 반지름을 R이라 하면

$\sin A = \dfrac{a}{2R}, \ \sin B = \dfrac{b}{2R}$이므로

(가) 조건에서 $\dfrac{5a}{2R} = \dfrac{8b}{2R}$이고 $a = 8k, \ b = 5k \ (k > 0)$이라 할 수

있다. 또, 삼각형 ABC의 점 C를 중심으로 하는 원 O와 선분 AC가
만나는 점을 D, 선분 BC와 만나는 점을 E, 점 A에서 선분 BC에
중선을 그어 선분 BC와 만나는 점을 F를 나타내면 아래와 같다.

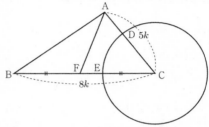

(나) 조건에서 △ABC의 넓이와 △DEC의 넓이의 비는
40 : 9이므로 원 O의 반지름의 길이를 r이라 하면

$\triangle ABC = \dfrac{1}{2} \cdot 5k \cdot 8k \cdot \sin C$

$\triangle DEC = \dfrac{1}{2} \cdot r \cdot r \cdot \sin C$

이므로 △ABC : △DEC = 40 : 9

$40k^2 : r^2 = 40 : 9$

$r = 3k$임을 알 수 있다.

(다)조건에서 △DEC는 정삼각형이므로 △ABC에서

$\angle C = 60°$이고, $\overline{AB} = x$라 하면

$\cos C = \dfrac{1}{2} = \dfrac{25k^2 + 64k^2 - x^2}{2 \cdot 5k \cdot 8k}$

$40k^2 = 89k^2 - x^2$

$x = 7k$이다.

또, △AFC에서 $\overline{AF} = y$라 하면

$\cos C = \dfrac{1}{2} = \dfrac{25k^2 + 16k^2 - y^2}{2 \cdot 5k \cdot 4k}$

$20k^2 = 41k^2 - y^2$

$y = \sqrt{21}\,k$이다.

원 O 위의 임의의 점 P와 선분 AF가 이루는 삼각형 PAF의
넓이의 최솟값이 $20 - 6\sqrt{21}$으로 주어졌으므로 삼각형 넓이는
아래 그림과 같을 때 최소가 된다.

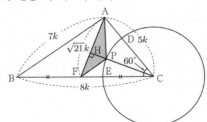

원의 중심 C에서 $\overline{AF}$에 내린 수선의 발을 H라 하고,

$\angle CAH = \theta$라 하면 삼각형 AFC에서 $\dfrac{4k}{\sin\theta} = \dfrac{\sqrt{21}\,k}{\sin\dfrac{\pi}{3}}$이므로

$\sin\theta = \dfrac{2}{\sqrt{7}}$이 된다.

따라서 $\sin\theta = \dfrac{2}{\sqrt{7}} = \dfrac{\overline{CH}}{\overline{AC}}$이므로 $\overline{CH} = \dfrac{10k}{\sqrt{7}}$이다.

삼각형 PAF의 넓이가 최소가 되려면 높이가 최소가 되어야 하고

높이의 최솟값은 $\overline{CH} - r$이므로 $\dfrac{10k}{\sqrt{7}} - 3k$이다.

따라서 $20\sqrt{3} - 6\sqrt{21} = \dfrac{1}{2} \cdot \sqrt{21}\,k \cdot \left(\dfrac{10k}{\sqrt{7}} - 3k \right)$

$40\sqrt{3} - 12\sqrt{21} = 10\sqrt{3}\,k^2 - 3\sqrt{21}\,k^2$

$k^2 = 4$

$k = 2$이다.

따라서 삼각형 ABC의 넓이는

$\dfrac{1}{2} \cdot 8k \cdot 5k \cdot \sin\dfrac{\pi}{3} = 40\sqrt{3}$이다.

15) 정답 ①
[검토자 : 서영만T]

$f'(0) = 0$에서 $f(x) = x^3 + px^2 + q$라 할 수 있다.

$f'(x) = 3x^2 + 2px = 3\left(x + \dfrac{p}{3} \right)^2 - \dfrac{p^2}{3}$ …… ㉠

곡선 $y = f(x)$와 직선 $y = -3x + a$는 a의 값에 관계없이 만나는 점의 개수가 적어도 1이상이다.

함수 $h(x)$는 곡선 $y = f(x)$와 직선 $y = g(x)$의 교점을 기준으로 두 함수 $f(x)$와 $g(x)$를 선택해야 하는데 교점에서 함수 $h(x)$가 미분가능하기 위해서는 곡선 $y = f(x)$와 직선 $y = g(x)$가 교점에서 접해야 한다. 또한 곡선 $y = f(x)$와 직선 $y = g(x)$의 교점의 개수가 2일 때는 접점의 개수가 1이므로 접점을 제외한 나머지 교점에서 함수 $h(x)$는 미분가능하지 않다.

따라서 곡선 $y = f(x)$와 직선 $y = g(x)$는 한 점에서만 만나고 그 점이 접점이어야 한다. (곡선 $y = f(x)$의 변곡점에서의 접선이 $y = g(x)$가 되어야 한다.)

㉠에서 $f'(x)$의 최솟값 $-\dfrac{p^2}{3}$이 함수 $g(x)$의 기울기와 같을 때이다.

$-\dfrac{p^2}{3} = -3$

$p^2 = 9 \rightarrow p = 3$ 또는 $p = -3$

곡선 $y = f(x)$와 직선 $y = -3x + a$의 교점의 x좌표를 t라 하면

$x < t$일 때, $-3x + a > f(x)$

$x > t$일 때, $-3x + a < f(x)$

이므로

$h(x) = \begin{cases} -3x + a & (x < t) \\ f(x) & (x \geq t) \end{cases}$ 이고 (나)에서 함수 $f(x)$의 극솟값이 0이다.

(i) $p = 3$일 때,

$f(x) = x^3 + 3x^2 + q$, $f'(x) = 3x(x + 2)$

$f'(x) = 0 \rightarrow x = -2, \ x = 0$

함수 $f(x)$는 $x = -2$에서 극대, $x = 0$에서 극솟값을 갖는다.

따라서 $f(0) = 0 \rightarrow q = 0$이고 $t = -1$이다.

$f(x) = x^3 + 3x^2$

$f(-1) = 2$이므로 $g(-1) = 2$에서 $a = -1$이다.

따라서 $h(x) = \begin{cases} -3x - 1 & (x < -1) \\ x^3 + 3x^2 & (x \geq -1) \end{cases}$

$\therefore \ h(0) = 0$

(ii) $p = -3$일 때,

$f(x) = x^3 - 3x^2 + q$, $f'(x) = 3x(x - 2)$

$f'(x) = 0 \rightarrow x = 0, \ x = 2$

함수 $f(x)$는 $x = 0$에서 극대, $x = 2$에서 극솟값을 갖는다.

따라서 $f(2) = 0 \rightarrow q = 4$이고 $t = 1$이다.

$f(x) = x^3 - 3x^2 + 4$

$f(1) = 2$이므로 $g(1) = 2$에서 $a = 5$이다.

따라서 $h(x) = \begin{cases} -3x + 5 & (x < 1) \\ x^3 - 3x^2 + 4 & (x \geq 1) \end{cases}$

$\therefore \ h(0) = 5$

(i), (ii)에서 $h(0)$의 최댓값과 최솟값의 합은 $0 + 5 = 5$이다.

16) 정답 3

$\log_x(2x + 3) = 2$에서

$x^2 = 2x + 3$

$x^2 - 2x - 3 = 0$

$(x - 3)(x + 1) = 0$

$x = 3$ 또는 $x = -1$

이때 $x > 0$이고 $x \neq 1$이므로

$x = 3$

17) 정답 20

$f'(x) = 2x^3 + 6x$의 양변을 x에 대하여 적분하면

$\displaystyle \int f'(x)dx = \int (2x^3 + 6x)dx$

$f(x) = \dfrac{1}{2}x^4 + 3x^2 + C$ (C는 적분상수)

따라서 $f(2) - f(0) = (8 + 12 + C) - C = 20$

18) 정답 16

한-8

$a_1a_2 = a_1 \times a_1r = a_1{}^2r < 0$이므로 $r < 0$, $a_1 \neq 0$이다.

등비중항의 성질에 의해 $a_3a_9 = a_6{}^2 = 4$에서 $a_6 = 2$ 또는 $a_6 = -2$이다.

$a_6 = a_1r^5$에서 $r < 0$이므로 $r^5 < 0$이다.

$a_1 < 0$일 때, $a_6 = 2$이고 $a_1 > 0$일 때, $a_6 = -2$ …… ㉠

$4a_{11} - a_6 = 4a_6r^5 - a_6$이므로

$a_6 = 2$일 때, $8r^5 - 2 = 18$, $r^5 = \dfrac{5}{2} > 0$이므로 모순

$a_6 = -2$일 때, $-8r^5 + 2 = 18$, $r^5 = -2$이다.

따라서

㉠에서 $a_1 > 0$, $r^5 = -2$, $a_6 = -2$

따라서 $a_{16} = a_6r^{10} = (-2) \times (-2)^2 = -8$이다.

$\therefore a_6 \times a_{16} = 16$

19) 정답 34

[검토자 : 필재T]

$f(x) = x^3 - 9ax^2 + 24a^2x$

$\begin{aligned} f'(x) &= 3x^2 - 18ax + 24a^2 \\ &= 3(x^2 - 6ax + 8a^2) \\ &= 3(x - 2a)(x - 4a) \end{aligned}$

$f'(x) = 0 \rightarrow x = 2a,\ x = 4a$

(i) $a < 0$일 때

　함수 $f(x)$는 $x = 4a$에서 극댓값을 갖는다.

　$f(4a) = 64a^3 - 144a^3 + 96a^3 = 16a^3 = -16$

　$a = -1$

　따라서 $f(x) = x^3 + 9x^2 + 24x$

　$f(1) = 1 + 9 + 24 = 34$

(ii) $a > 0$일 때

　함수 $f(x)$는 $x = 2a$에서 극댓값을 갖는다.

　$f(2a) = 8a^3 - 36a^3 + 48a^3 = 20a^3 = -16$

　에서 양수 a는 존재하지 않는다.

(i), (ii)에서 $f(1) = 34$이다.

20) 정답 4

[출제자 : 김상호T]

[검토자 : 안형진T]

$y = \log_{0.5}x + 2$와 $y = x$의 교점의 좌표가 k이므로

$k = \log_{0.5}k + 2$에서 $\dfrac{1}{k-2}\log_{0.5}k = 1$

$f\left(\dfrac{2}{k-2}\log_{0.5}k\right) = f(2)$

$\log_{0.5}x + 2 = 2$을 만족하는 $x = 1$이다.

$\log_{0.5}1 + 2 > 1$이고 $y = f(x)$는 감소함수이므로 $1 < k$를 만족한다.

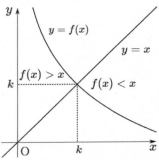

$f(1) > k$이므로 $f(1)$을 대입할 $y = f(x)$가 정의되어 있지 않지만 $f(f(x)) = 4x$는 만족하므로

$f\left(\dfrac{2}{k-2}\log_{0.5}k\right) = f(f(1)) = 4 \times 1 = 4$

$\therefore f\left(\dfrac{2}{k-2}\log_{0.5}k\right) = 4$

21) 정답 90

[검토자 : 안형진T]

모든 실수 α에 대하여 $\displaystyle\lim_{x \to \alpha}\dfrac{f(x^2)}{f(2x+3)}$의 값이 존재하려면

$\displaystyle\lim_{x \to \alpha}f(2x+3) = 0$이면 $\displaystyle\lim_{x \to \alpha}f(x^2) = 0$이어야 한다.

즉, $f(2\alpha+3) = f(\alpha^2) = 0$ …… ㉠

이때 방정식 $f(x) = 0$이 서로 다른 세 실근을 가지면 모든 근에 대하여 ㉠을 만족시키지 못하므로

(가)에서 $f(x) = 0$을 만족시키는 x의 개수는 2이다. …… ㉡

$\alpha^2 = 2\alpha + 3$

$\alpha^2 - 2\alpha - 3 = 0$

$(\alpha + 1)(\alpha - 3) = 0$

$\alpha = -1$ 또는 $\alpha = 3$

즉, $f(1) = f(9) = 0$이므로 ㉡에서 함수 $f(x)$는 다음 두 가지 경우이다.

(i) $f(x) = (x-1)^2(x-9)$일 때, $f(10) = 81$

(ii) $f(x) = (x-1)(x-9)^2$일 때, $f(10) = 9$

(i), (ii)에서 $f(10)$의 최댓값과 최솟값의 합은 $81 + 9 = 90$이다.

[랑데뷰팁]

㉠에서 $2\alpha + 3 \neq \alpha^2$이면

$\displaystyle\lim_{x \to \frac{\alpha^2-3}{2}}f(2x+3) = f(\alpha^2) = 0$이므로 $\displaystyle\lim_{x \to \frac{\alpha^2-3}{2}}f(x^2) = f\left(\left(\dfrac{\alpha^2-3}{2}\right)^2\right) = 0$

$x = \left(\dfrac{\alpha^2-3}{2}\right)^2$도 방정식 $f(x) = 0$의 근이고 같은 식으로

삼차방정식 $f(x) = 0$의 근의 개수가 무수히 많아져서 모순이다.

22) 정답 182

[검토자 : 장세완T]

(나)에서 $|a_4|=|a_6|$이므로 $a_4=\alpha$라 할 때, $|\alpha|$의 값이 홀수일 때와 짝수일 때로 나눠서 생각하자.

(i) $|\alpha|$가 홀수일 때,

a_4	a_5	a_6
α	$\alpha+3$	$\dfrac{\alpha+3}{2}$

$$|a_4|=|a_6| \;\rightarrow\; |\alpha|=\left|\frac{\alpha+3}{2}\right|$$

① $\alpha=\dfrac{\alpha+3}{2} \;\rightarrow\; \alpha=3$

a_1	a_2	a_3	a_4	a_5	a_6
		6 (나)에 모순			
			3	6	3
		0 (가)에 모순			

② $\alpha=-\dfrac{\alpha+3}{2} \;\rightarrow\; \alpha=-1$

a_1	a_2	a_3	a_4	a_5	a_6
		-2 (나)에 모순			
			-1	2	1
		-4 (가)에 모순			

(ii) $|\alpha|$가 짝수일 때,

a_4	a_5	a_6
α	$\dfrac{\alpha}{2}$	$\dfrac{\alpha}{4}$ $\dfrac{\alpha}{2}+3$

$$|a_4|=|a_6| \;\rightarrow\; |\alpha|=\left|\frac{\alpha}{4}\right| \text{ 또는 } |\alpha|=\left|\frac{\alpha}{2}+3\right|$$

① $|\alpha|=\left|\dfrac{\alpha}{4}\right|$에서 $\alpha=0$

a_1	a_2	a_3	a_4	a_5	a_6
		0 (나)에 모순			
-12	-6				
-9		-3	0	0	0
		-6 (가)에 모순			

따라서 가능한 $|a_1|$의 합은 $12+9=21$

② $\alpha=\dfrac{\alpha}{2}+3 \;\rightarrow\; \alpha=6$

a_1	a_2	a_3	a_4	a_5	a_6
48 21	24				
18 6(X)	9	12	6	3	6
		3(X)			

따라서 가능한 $|a_1|$의 합은 $48+21+18=87$

③ $\alpha=-\dfrac{\alpha}{2}-3 \;\rightarrow\; \alpha=-2$

a_1	a_2	a_3	a_4	a_5	a_6
-16 -11	-8				
-14 $-10($X$)$	-7	-4	-2	-1	2
-20 -13	-10	-5			
	$-8($X$)$				

따라서 가능한 $|a_1|$의 합은 $16+11+14+20+13=74$

(i), (ii)에서 $21+87+74=182$

확률과통계

[출제자:황보백T]

23) 정답 ④

$A \rightarrow B$ 경로의 수 : $\dfrac{8!}{5!3!}=56$이고

$A \rightarrow P \rightarrow B$의 경우의 수는

$A \rightarrow P$ 경로의 수 : $\dfrac{4!}{2!2!}=6$

$P \rightarrow B$ 경로의 수 : $\dfrac{4!}{3!1!}=4$

에서 $6\times4=24$이다.

따라서 $56-24=32$

24) 정답 ⑤

$P(A\cup B)=\dfrac{5}{6}$에서

$P(A)+P(B)-P(A\cap B)=\dfrac{5}{6}\;\cdots\;\bigcirc$

두 사건 A와 B가 서로 독립이므로

$P(A\cap B)=P(A)P(B)\;\cdots\;\bigcirc$

$\bigcirc$, $\bigcirc$에서

$P(A)+P(B)-P(A)P(B)=\dfrac{5}{6}$

이때, $\mathrm{P}(A)=\dfrac{1}{3}$ 이므로

$\dfrac{1}{3}+\mathrm{P}(B)-\dfrac{1}{3}\mathrm{P}(B)=\dfrac{5}{6}$, $\dfrac{2}{3}\mathrm{P}(B)=\dfrac{1}{2}$

따라서

$\mathrm{P}(B)=\dfrac{3}{4}$

25) 정답 ⑤

$(x+\sqrt[3]{3})^6=\displaystyle\sum_{r=0}^{6}{}_6\mathrm{C}_r(\sqrt[3]{3})^{6-r}x^r \ (r=0,\ 1,\ 2,\ \cdots,\ 6)$

유리수가 되는 꼴은

(i) $x^6 \Rightarrow 1$

(ii) ${}_6\mathrm{C}_3\times x^3\times(\sqrt[3]{3})^3 \Rightarrow 20\times3=60$

(iii) $(\sqrt[3]{3})^6 \Rightarrow 9$

$\therefore 1+60+9=70$

26) 정답 ②

$A=\{1,\ 2,\ 3,\ 4\}$, $\mathrm{P}(A)=\dfrac{2}{3}$

n의 배수의 눈이 나오는 사건을 $B_n(n=1,\ 2,\ 3,\ 4,\ 5,\ 6)$,

$\mathrm{P}(B_n)=\dfrac{y}{6}$ 라 하자.

두 사건 A, B_n이 서로 독립이 되려면

$\mathrm{P}(A\cap B_n)=\mathrm{P}(A)\mathrm{P}(B_n)$이어야 한다.

$n(A\cap B_n)=x$라 하면

$\dfrac{x}{6}=\dfrac{2}{3}\times\dfrac{y}{6}$이므로 $3x=2y$

$x=2$, $y=3$일 때, $n=2$

$x=4$, $y=6$일 때, $n=1$

모든 n의 값의 합은 $1+2=3$

27) 정답 ②

[검토자 : 이덕훈T]

숫자 2, 4, 6, 8중 1장의 카드를 꺼냈을 때 적혀 있는 수를 확률변수 X라 놓으면

$\mathrm{E}(X)=\dfrac{2+4+6+8}{4}=5$

$\mathrm{E}(X^2)=\dfrac{4+16+36+64}{4}=30$

$\mathrm{V}(X)=\mathrm{E}(X^2)-\{\mathrm{E}(X)\}^2=30-25=5$

$\therefore \mathrm{E}(\overline{X})=5$

$\therefore \mathrm{V}(\overline{X})=\dfrac{\mathrm{V}(X)}{5}=\dfrac{5}{5}=1$

$\mathrm{E}(a\overline{X}+b)=5a+b=9 \quad\cdots\cdots \ominus$

$\mathrm{V}(a\overline{X}+b)=a^2=9 \quad\cdots\cdots \oslash$

$\ominus$, $\oslash$에서 $a=3$, $b=-6 \ (\because a>0)$

따라서 $a+b=-3$이다.

28) 정답 ④

[출제자 : 김수T]

[검토자 : 김경민T]

8의 약수는 1, 2, 4, 8이므로 조건 (가)에서

$f(1)\times f(8)=1$ 또는 $f(1)\times f(8)=2$

또는 $f(1)\times f(8)=4$ 또는 $f(1)\times f(8)=8$

또한, 조건 (나), (다)에서

$f(1)\leq f(2)\leq f(4)\leq f(8)$, $3f(1)\leq f(3)\leq f(6)$

(i) $f(1)\times f(8)=1$일 때

$f(1)=f(8)=1$

$1\leq f(2)\leq f(4)\leq 1$, $3\leq f(3)\leq f(6)$

즉, $f(2)=f(4)=1$ 이고 $f(3)$, $f(6)$의 값을 정하는 경우의 수는 3, 4, 6, 8 중에서 중복을 허락하여 2개를 선택하는 중복조합의 수와 같으므로

따라서 이 조건을 만족시키는 함수 f의 개수는

$1\times{}_4\mathrm{H}_2={}_5\mathrm{C}_2=10$이다.

(ii) $f(1)\times f(8)=2$일 때

$f(1)\leq f(8)$이므로 $f(1)=1$, $f(8)=2$

따라서 $1\leq f(2)\leq f(4)\leq 2$ 이고 이것은 $f(2)$, $f(4)$의 값을 정하는 경우의 수는 1, 2중에서 중복을 허락하여 2개를 선택하는 중복조합의 수와 같다.

또한 $3\leq f(3)\leq f(6)$이다.

따라서 이 조건을 만족시키는 함수 f의 개수는

${}_2\mathrm{H}_2\times{}_4\mathrm{H}_2={}_3\mathrm{C}_2\times{}_5\mathrm{C}_2=30$이다.

(iii) $f(1)\times f(8)=4$일 때

$f(1)\leq f(8)$이므로 $f(1)=1$, $f(8)=4$ 또는

$f(1)=2$, $f(8)=2$

① $f(1)=1$, $f(8)=4$ 일 때

따라서 $1\leq f(2)\leq f(4)\leq 4$ 이고 이것은 $f(2)$, $f(4)$의 값을 정하는 경우의 수는 1, 2, 3, 4, 중에서 중복을 허락하여 2개를 선택하는 중복조합의 수와 같다.

또한 $3\leq f(3)\leq f(6)$이다.

따라서 이 조건을 만족시키는 함수 f의 개수는

${}_4\mathrm{H}_2\times{}_4\mathrm{H}_2={}_5\mathrm{C}_2\times{}_5\mathrm{C}_2=100$이다.

② $f(1)=2$, $f(8)=2$ 일 때

$2\leq f(2)\leq f(4)\leq 2$, $6\leq f(3)\leq f(6)$

즉, $f(2)=f(4)=2$ 이고 $f(3)$, $f(6)$의 값을 정하는 경우의 수는 6, 8 중에서 중복을 허락하여 2개를 선택하는 중복조합의 수와 같으므로

따라서 이 조건을 만족시키는 함수 f의 개수는

$1\times{}_2\mathrm{H}_2={}_3\mathrm{C}_2=3$이다.

(iv) $f(1)\times f(8)=8$일 때

$f(1)\leq f(8)$이므로

$f(1)=1$, $f(8)=8$ 또는 $f(1)=2$, $f(8)=4$

① $f(1)=1$, $f(8)=8$일 때

따라서 $1\leq f(2)\leq f(4)\leq 8$ 이것은 $f(2)$, $f(4)$의 값을 정하는 경우의 수는 1, 2, 3, 4, 6, 8 중에서 중복을 허락하여 2개를 선택하는 중복조합의 수와 같다.

또한 $3\leq f(3)\leq f(6)$이다.

따라서 이 조건을 만족시키는 함수 f의 개수는

$_6H_2 \times _4H_2 = _7C_2 \times _5C_2 = 210$이다.

② $f(1) = 2$, $f(8) = 4$일 때

따라서 $2 \le f(2) \le f(4) \le 4$ 이고 이것은 $f(2)$, $f(4)$의 값을 정하는 경우의 수는 2, 3, 4, 중에서 중복을 허락하여 2개를 선택하는 중복조합의 수와 같다. 또한 $6 \le f(3) \le f(6)$이다.

따라서 이 조건을 만족시키는 함수 f의 개수는

$_3H_2 \times _2H_2 = _4C_2 \times _3C_2 = 18$이다.

(i)~(iv)에 의하여 구하는 함수 f의 개수는

$10 + 30 + 100 + 3 + 210 + 18 = 371$

29) 정답 39

[출제자 : 이호진T]

[검토자 : 오정화T]

$P(Y \le x) = P(X \le x + 16)$에서 $y = f(x)$, $y = g(x)$는 평행이동의 관계이므로 $\sigma_1 = \sigma_2$임을 알 수 있고, $m_1 = m_2 + 16$임을 알 수 있다.

따라서 두 확률밀도함수를 그래프로 나타내면 아래와 같다.

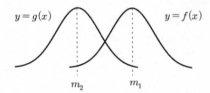

이때, $h(x) = \{f(x) - g(x)\}\{f(x+2) - g(x+2)\} < 0$을 만족시키는 값은 구간 $(x, x+2)$에서 두 함수의 교점이 발생해야 하므로 두 함수의 교점이 $14 < x < 16$ 구간에 존재함을 알 수 있다. 이 값을 $x = a$라 하였을 때, $\dfrac{m_1 + m_2}{2} = \dfrac{m_1 + m_1 - 16}{2} = m_1 - 8$에서 정수임을 알 수 있다.

따라서 $a = 15$, $m_1 = 23$, $m_2 = 7$이고 확률밀도함수는 아래와 같이 그려짐을 알 수 있다.

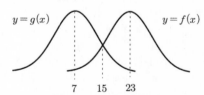

따라서 $P(15 \le X \le 23) + P(15 \le Y \le 23)$

$= P(15 \le X \le 23) + P(15 \le 30 - X \le 23)$

$= P(15 \le X \le 23) + P(7 \le X \le 15)$

$= P(7 \le X \le 23)$의 값이 0.3413이므로 표준정규분포표에서 $\sigma_1 = \sigma_2 = 16$임을 알 수 있다.

따라서 $m_1 + \sigma_2 = 39$

30) 정답 385

[출제자 : 이소영T]

[그림 : 도정영T]

[검토자 : 김영식T]

주사위에서 1의 눈이 나오면 모든 회전판을 시계방향으로 1칸, 2의 눈이 나오면 1번 회전판을 1칸, 3의 눈이 나오면 2번 회전판을 1칸, 4의 눈이 나오면 3번 회전판을 1칸, 5의 눈이 나오면 4번 회전판을 1칸, 6의 눈이 나오면 5번 회전판을 1칸 반시계 방향으로 움직인다.

8번 이하 주사위를 던져서 모든 회전판의 숫자가 같아져야 한다. 1번 회전판의 숫자가 1, 2뿐이므로 모든 회전판의 숫자가 같아지려면 1 또는 2로 같아질 수 밖에 없다.

일단, 주사위에서 1의 눈이 나올 경우 회전판의 회전 방향이 시계방향이므로 1의 눈의 횟수를 기준으로 경우를 나눠보자.

(i) 모든 회전판의 숫자가 1인 경우

(최소로 회전하여 모든 회전판을 1에 맞추는 횟수)

	1번	2번	3번	4번	5번
1:0번	0	2	2	2	2
1:1번	1	0	3	3	3
1:2번	0	1	0	4	4
1:3번	1	2	1	0	5
1:4번	0	0	2	1	0
⋮	⋮	⋮	⋮	⋮	⋮

1번 회전판은 1의 눈의 횟수가 증가할 때마다 0, 1이 반복되고,
2번 회전판은 1의 눈의 횟수가 증가할 때마다 2, 0, 1이 반복되고,
3번 회전판은 1의 눈의 횟수가 증가할 때마다 2, 3, 0, 1이 반복되고,
4번 회전판은 1의 눈의 횟수가 증가할 때마다 2, 3, 4, 0, 1이 반복되고,
5번 회전판은 1의 눈의 횟수가 증가할 때마다 2, 3, 4, 5, 0, 1이 반복됨을 알 수 있다.

따라서 8회 이하로 가능한 경우는 주사위 눈 중 1이 0번, 3이 2번, 4가 2번, 5가 2번, 6이 2번 나오거나, 1이 4번, 4가 2번, 5가 1번 나오면 모든 회전판의 눈이 1로 같아질 수 있다.

$\dfrac{8!}{2!2!2!2!} \times \left(\dfrac{1}{6}\right)^8 + \dfrac{7!}{4!2!} \times \left(\dfrac{1}{6}\right)^7$

$= 70 \times \left(\dfrac{1}{6}\right)^6 + \dfrac{35}{2} \times \left(\dfrac{1}{6}\right)^6$

$= \dfrac{175}{2} \times \left(\dfrac{1}{6}\right)^6$

(ii) 모든 회전판의 숫자가 2인 경우
(최소로 회전하여 모든 회전판을 2에 맞추는 횟수)
1의 눈에 맞추는 경우에서 한 번씩 더 회전하면 된다.

	1번	2번	3번	4번	5번
1:0번	1	0	3	3	3
1:1번	0	1	0	4	4
1:2번	1	2	1	0	5
1:3번	0	0	2	1	0
1:4번	1	1	3	2	1
⋮	⋮	⋮	⋮	⋮	⋮

따라서 8회 이하로 가능한 경우는 주사위 눈 중 1이 3번, 4가 2번, 5가 1번 나오면 모든 회전판의 눈이 2로 같아질 수 있다. 이때, 1번 회전판을 2번 회전해도 2를 가리키므로 주사위 눈 중 1이 3번, 2가 2번, 4가 2번, 5가 1번 나와도 모든 회전판의 수가 2로 같아질 수 있다. 이때, 2가 2번 제일 마지막에 2번 나올 경우 6회에서 시행이 종료되므로 그 확률은 제외시켜야 한다.

$$\frac{6!}{3!2!}\times\left(\frac{1}{6}\right)^6+\left(\frac{8!}{3!2!2!}-\frac{6!}{3!2!}\right)\times\left(\frac{1}{6}\right)^8=60\times\left(\frac{1}{6}\right)^6$$
$$+\frac{135}{3}\times\left(\frac{1}{6}\right)^6=105\times\left(\frac{1}{6}\right)^6$$

따라서 모든 회전판이 1로 같아지는 확률과 2로 같아지는 확률을 더하면

$$\frac{175}{2}\times\left(\frac{1}{6}\right)^6+105\times\left(\frac{1}{6}\right)^6=\left(\frac{175}{2}+105\right)\times\left(\frac{1}{6}\right)^6$$이므로

$$\frac{p}{q}=\frac{175}{2}+105$$이다.

그러므로 $2\times\frac{p}{q}=175+210=385$이다.

미적분
[출제자:황보백T]

23) 정답 ①
$f(x)=\frac{ax}{\ln x}$ 에서
$$f'(x)=\left(\frac{ax}{\ln x}\right)'$$
$$=\frac{(ax)'\times\ln x-ax\times(\ln x)'}{(\ln x)^2}$$
$$=\frac{a\times\ln x-ax\times\frac{1}{x}}{(\ln x)^2}$$
$$=\frac{a(-1+\ln x)}{(\ln x)^2}$$
$$f'(e^3)=\frac{a(-1+\ln e^3)}{(\ln e^3)^2}$$
$$=\frac{a\{(-1)+3\}}{3^2}$$
$$=\frac{2a}{9}=2$$

따라서 $a=9$

24) 정답 ①
$\lim\limits_{n\to\infty}a_nb_n=3$이고, $\lim\limits_{n\to\infty}\frac{1}{a_n}=0$이므로
$$\lim\limits_{n\to\infty}b_n=\lim\limits_{n\to\infty}\frac{a_nb_n}{a_n}$$
$$=\lim\limits_{n\to\infty}a_nb_n\times\lim\limits_{n\to\infty}\frac{1}{a_n}$$
$$=3\times0=0$$
따라서
$$\lim\limits_{n\to\infty}\{a_n(b_n)^2-3a_nb_n-b_n+3\}$$
$$=\lim\limits_{n\to\infty}\{a_nb_n(b_n-3)-(b_n-3)\}$$
$$=\lim\limits_{n\to\infty}(b_n-3)(a_nb_n-1)$$
$$=\lim\limits_{n\to\infty}(b_n-3)\times\lim\limits_{n\to\infty}(a_nb_n-1)$$
$$=(-3)\times2=-6$$

25) 정답 ②
$$\int_0^4xf(x)dx=\int_0^4xf(4-x)dx=\int_4^0(4-t)f(t)(-dt)$$
($t=4-x$로 치환 $dt=-dx$)
$$=4\int_0^4f(t)dt-\int_0^4tf(t)dt$$
$$2\int_0^4xf(x)dx=4\int_0^4f(x)dx$$
$$2\int_0^4xf(x)dx=4\times7$$
$$\therefore\int_0^4xf(x)dx=14$$

[랑데뷰팁]
$f(2a-x)=f(x)$ 일 때, $\int_0^{2a}xf(x)dx=a\int_0^{2a}f(x)dx$이다.

26) 정답 ④
[그림 : 서태욱T]
직선 $x=t$ $(-\ln2\le t\le\ln2)$를 포함하고 x축에 수직인 평면으로 자른 단면의 넓이를 $S(t)$라 하면
$$S(t)=\frac{2e^t}{e^t+e^{-t}}=\frac{2e^{2t}}{e^{2t}+1}$$
따라서 구하는 부피를 V라 하면
$$V=\int_{-\ln2}^{\ln2}S(t)dt=\int_{-\ln2}^{\ln2}\left(\frac{2e^{2t}}{e^{2t}+1}\right)dt$$
$e^{2t}+1=s$라 하면 $2e^{2t}\times\frac{dt}{ds}=1$이므로 $2e^{2t}dt=ds$이고

$t=-\ln2$일 때, $s=\dfrac{1}{4}+1=\dfrac{5}{4}$

$t=\ln2$일 때, $s=4+1=5$

$$=\int_{\frac{5}{4}}^{5}\frac{1}{s}ds$$

$$=\Big[\ln s\Big]_{\frac{5}{4}}^{5}=\ln5-\ln\frac{5}{4}=2\ln2$$

27) 정답 ①
[검토자 : 강동회T]

$g(x)=f(e^x-1)+2e^x$

$x=0$을 대입하면 $g(0)=f(0)+2=0$ $(\because f(0)=-2)$

$g(0)=0$이므로 $g^{-1}(0)=h(0)=0$이다.

곡선 $y=h(x)$ 위의 점 $(0,0)$에서의 접선이 y축이므로

곡선 $y=g(x)$위의 점 $(0,0)$에서의 접선은 x축이다.

즉, $g'(0)=0$이다.

$g'(x)=f'(e^x-1)e^x+2e^x$

$g'(0)=0 \rightarrow f'(0)=-2$ ...... ㉠

한편, 함수 $g(x)$가 역함수를 가지려면 모든 실수 x에 대해서
$g'(x)\geq0$이어야 한다.

따라서 $f'(x)\geq-2$ ...... ㉡

㉠, ㉡에서 $f'(x)=3x^2-2$라 할 수 있다.

따라서 $f(x)=x^3-2x+C$

$f(0)=-2$이므로 $f(x)=x^3-2x-2$이다.

그러므로

$g(x)=(e^x-1)^3-2(e^x-1)-2+2e^x$

$\qquad=(e^x-1)^3$

$g(h(x))=x$

$g'(h(x))h'(x)=1$

$h'(x)=\dfrac{1}{g'(h(x))}$

$h'(27)=\dfrac{1}{g'(h(27))}$

$h(27)=k$라 하면 $g(k)=27$에서 $(e^k-1)^3=27$

$e^k=4$

$k=\ln4$이다.

$g'(h(27))=g'(\ln4)=f(3)\times4+8=4\times19+8=84$이므로

$h'(27)=\dfrac{1}{84}$이다.

28) 정답 ③
[검토자 : 정찬도T]

$f'(x)=e^x+e^{x^2}$, $f''(x)=e^x+2xe^{x^2}$ ...... ㉠

양수 t에 대하여 곡선 $y=f(x)$ 위의 점 $(t,f(t))$에서의 접선의
방정식은 $y=f'(t)(x-t)+f(t)$이다.

$x>0$일 때, $f''(x)>0$이므로 곡선 $y=f(x)$는 아래로 볼록이고
모든 실수 $f(x)$에 대하여 $f'(x)>0$이므로 증가한다.

따라서 $x>0$일 때, $f(x)>f'(t)(x-t)+f(t)$이다.

$g(t)=\int_0^t\{f(x)-f'(t)x+f'(t)t-f(t)\}dt$

$\qquad=\int_0^t f(x)dx+\int_0^t\{-f'(t)x+f'(t)t-f(t)\}dx$

$\qquad=\int_0^t f(x)dx+\Big[-\dfrac{f'(t)}{2}x^2+\{f'(t)t-f(t)\}x\Big]_0^t$

$\qquad=\int_0^t f(x)dx-\dfrac{f'(t)\times t^2}{2}+f'(t)\times t^2-f(t)\times t$

$\qquad=\int_0^t f(x)dx+\dfrac{f'(t)\times t^2}{2}-tf(t)$

이다.
한편,

$\int_0^t f(x)dx=\Big[xf(x)\Big]_0^t-\int_0^t xf'(x)dx$

$\qquad\qquad=tf(t)-\int_0^t xf'(x)dx$

$g(t)=\dfrac{f'(t)\times t^2}{2}-\int_0^t xf'(x)dx$

$g'(t)=\dfrac{t^2 f''(t)+2tf'(t)}{2}-tf'(t)$

$\qquad=\dfrac{t^2 f''(t)}{2}$

㉠에서 $f''(1)=e+2e=3e$이므로 $g'(1)=\dfrac{3e}{2}$

$g(1)=\dfrac{f'(1)}{2}-\int_0^1(xe^x+xe^{x^2})dx$

$\qquad=\dfrac{e+e}{2}-\Big[xe^x-e^x+\dfrac{1}{2}e^{x^2}\Big]_0^1$

$\qquad=e-\Big(\dfrac{e}{2}+1-\dfrac{1}{2}\Big)$

$\qquad=\dfrac{e}{2}-\dfrac{1}{2}$

따라서 $g'(1)-g(1)=e+\dfrac{1}{2}$

[랑데뷰팁]-정찬도T

$g(t)=\dfrac{1}{2}t^2f'(t)-(t-1)e^t-\dfrac{1}{2}e^{t^2}-\dfrac{1}{2}$

$\rightarrow g(1)=\dfrac{1}{2}f'(1)-\dfrac{1}{2}e-\dfrac{1}{2}=\dfrac{e}{2}-\dfrac{1}{2}$

$g'(t)=\dfrac{t^2f''(t)+2tf'(t)}{2}-tf'(t)$

$\qquad=\dfrac{t^2f''(t)}{2}$

$\rightarrow g'(1)=\dfrac{1}{2}f''(1)=\dfrac{3e}{2}$

따라서 $g'(1)-g(1)=e+\dfrac{1}{2}$

29) 정답 25

[출제자 : 정일권T]

[검토자 : 김경민T]

$\sum_{n=1}^{\infty}(|a_n|-2a_n)=2$　　　…㉠

$\sum_{n=1}^{\infty}(2|a_n|-a_n)=10$　　…㉡

급수의 성질에 의해

㉠×2-㉡식을 정리하면 ; $\sum_{n=1}^{\infty}a_n=2$

㉡×2-㉠식을 정리하면 ; $\sum_{n=1}^{\infty}|a_n|=6$이므로 공비가 음수이다.

$\sum_{n=1}^{\infty}a_n=2\Rightarrow\dfrac{a}{1-r}=2$ (수열 $\{a_n\}$첫째항은 a, 공비는 r) …㉢

$\sum_{n=1}^{\infty}|a_n|=6\Rightarrow\dfrac{a}{1-(-r)}=6$ (㉢식에서 $a=2(1-r)>0$) …㉣

㉢, ㉣식을 연립하면

$a=3,\ r=-\dfrac{1}{2}$이므로

$a_n=3\times\left(-\dfrac{1}{2}\right)^{n-1}$이다.

$\sum_{k=1}^{\infty}\left(\dfrac{1+(-1)^k}{2}\times a_{m+k}\right)=a_{m+2}+a_{m+4}+a_{m+6}+\cdots\cdots$

$$=\dfrac{3\times\left(-\dfrac{1}{2}\right)^{m+1}}{1-\dfrac{1}{4}}$$

$$=4\times\left(\dfrac{1}{2}\right)^{m+1}>\dfrac{1}{1000}\ (\because m은 홀수)$$

$4\times\left(\dfrac{1}{2}\right)^{m+1}>\dfrac{1}{1000}$식을 정리하면

$2^{1-m}>\dfrac{1}{1000}$, $2000>2^m$이므로

만족하는 홀수인 자연수 $m=1,3,5,7,9$이므로

m의 값의 합은 25

30) 정답 4

[검토자 : 이지훈T]

$f(0)=0\ \rightarrow\ \sin(b\pi+\pi)=0\ \rightarrow\ \sin b\pi=0$에서 b는 정수이므로

$b=0,\ b=1,\ b=2$이다.

$f\left(\dfrac{\pi}{2}\right)=(a+b)\pi\ \rightarrow\ \sin(a\pi+b\pi)=(a+b)\pi$에서 $\sin x=x$를

만족시키는 실수 x의 값은 0뿐이므로 $a+b=0$

$\therefore\ b=-a$

따라서 순서쌍 (a,b)는 $(0,0),\ (-1,1),\ (-2,2)$가 가능하다.

(i) $a=0,\ b=0$일 때,

$f(x)=\sin(\pi\cos x)$

$f'(x)=\cos(\pi\cos x)(-\pi\sin x)$

$f'(0)=0$

으로 (나)에 모순

(ii) $a=-1,\ b=1$일 때,

$f(x)=\sin(-2x+\pi+\pi\cos x)=\sin(2x-\pi\cos x)$

$f'(x)=\cos(2x-\pi\cos x)(2+\pi\sin x)$

$f'(0)=\cos(-\pi)\times2=-2$

으로 (나) 조건을 만족시킨다.

(iii) $a=-2,\ b=2$일 때,

$f(x)=\sin(-4x+2\pi+\pi\cos x)=\sin(-4x+\pi\cos x)$

$f'(x)=\cos(-4x+\pi\cos x)(-4-\pi\sin x)$

$f'(0)=\cos\pi\times(-4)=4$

으로 (나)에 모순

(i), (ii), (iii)에서 $f(x)=\sin(2x-\pi\cos x)$이다.

$\displaystyle\int_{\frac{\pi}{3}}^{\frac{\pi}{2}}(2+\pi\sin x)f(x)dx$

$=\displaystyle\int_{\frac{\pi}{3}}^{\frac{\pi}{2}}(2+\pi\sin x)\sin(2x-\pi\cos x)dx$

$2x-\pi\cos x=t$라 하면

$x:\dfrac{\pi}{3}\rightarrow\dfrac{\pi}{2}$일 때, $t:\dfrac{\pi}{6}\rightarrow\pi$이고 $(2+\pi\sin x)dx=dt$이므로

$=\displaystyle\int_{\frac{\pi}{6}}^{\pi}\sin t\,dt$

$=\left[-\cos t\right]_{\frac{\pi}{6}}^{\pi}=1+\dfrac{\sqrt{3}}{2}$

$m=1,\ n=\dfrac{1}{2}$이므로 $\dfrac{m}{n}+a^2+b^2=2+1+1=4$이다.

기하

[출제자:황보백T]

23) 정답 ⑤

$\vec{a}=(5,3),\ \vec{b}=(2,1)$에서

$\vec{a}-\vec{b}=(3,2)$이므로 모든 성분의 합은 5이다.

24) 정답 ④

$y^2=4px$의 준선은 $x=-p$이므로

$y^2=4p(x-1)$의 준선은 $x=-p+1$

$-p+1=2$에서 $p=-1$

$y^2=4p(x-1)=-4(x-1)$에 $x=k,y=8$을 대입하면

$8^2=-4(k-1),k-1=-16$

$k=-15$

따라서 $p+k=(-1)+(-15)=-16$

25) 정답 ⑤

교점 P의 좌표를 (x_1, y_1) 이라 하면 접선의 방정식은 각각

$$y_1 y = 4(x + x_1), \quad \frac{x_1 x}{a^2} + \frac{y_1 y}{b^2} = 1$$

두 접선이 수직이므로 기울기의 곱

$$\left(\frac{4}{y_1}\right)\left(-\frac{b^2 x_1}{a^2 y_1}\right) = -\frac{4b^2 x_1}{a^2 y_1^2} = -\frac{4b^2 x_1}{8a^2 x_1} = -1 \quad (y_1 \neq 0)$$

$$\therefore \frac{b^2}{a^2} = 2$$

[랑데뷰팁]

포물선 $y^2 = 4px$ 와 타원 $\dfrac{x^2}{a^2} + \dfrac{y^2}{b^2} = 1$ 이 서로 만나는

점에서의 접선이 수직이면 $b^2 = 2a^2$ 이다.

26) 정답 ③

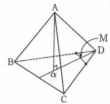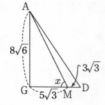

(점 G는 삼각형 BCD의 무게중심)

$$\therefore \overline{AM} = \sqrt{459}$$

$$\therefore \cos x = \frac{5\sqrt{3}}{\sqrt{459}}$$

27) 정답 ⑤

[출제자 : 오세준T]

[그림 : 서태욱T]

[검토자 : 백상민T]

$\overline{AB} = 8$, $\overline{AD} = 3\sqrt{2}$ 이고 선분 AD와 선분 FG를 2 : 1로

내분하는 점이므로

$\overline{AM} = \overline{FN} = 2\sqrt{2}$ 이고 $\overline{BM} = \sqrt{8^2 + (2\sqrt{2})^2} = 6\sqrt{2}$ 이다.

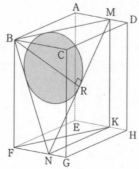

삼각형 BMN이 이등변삼각형이므로 $\overline{BM} = \overline{MN}$ 이라 하면

삼각형 ABM과 삼각형 MNK에서 $\overline{AB} = \overline{KN}$ 이지만

$\overline{AM} < \overline{MK} (\overline{AD} < \overline{BF})$ 이므로 $\overline{BM} \neq \overline{MN}$ 이다

또한, $\overline{BN} = \overline{MN}$ 이라 하면

삼각형 BFN과 삼각형 MNK에서 $\overline{BF} = \overline{MK}$ 이지만

$\overline{FN} < \overline{NK}$ 이므로 $\overline{BN} \neq \overline{MN}$ 이다.

따라서 이등변삼각형 BMN에서 $\overline{BM} = \overline{BN}$ 이므로

$\overline{AB} = \overline{BF} = 8$ 이다.

삼각형 BMN에서 $\overline{AB} = 8$, $\overline{AM} = 2\sqrt{2}$ 이므로 $\overline{BM} = 6\sqrt{2}$ 이다.

$\overline{MN} = \sqrt{8^2 + 8^2} = 8\sqrt{2}$ 이므로 $\overline{MR} = 4\sqrt{2}$ 이고

$\overline{BR} = \sqrt{(6\sqrt{2})^2 - (4\sqrt{2})^2} = 2\sqrt{10}$ 이다.

따라서 삼각형 BMN의 넓이는 $\dfrac{1}{2} \times 8\sqrt{2} \times 2\sqrt{10} = 16\sqrt{5}$

또한, 삼각형 FNK의 넓이는 $\dfrac{1}{2} \times 2\sqrt{2} \times 8 = 8\sqrt{2}$ 이므로

삼각형 BMN와 삼각형 FNK가 이루는 각의 크기를 θ라 하면

$$\cos\theta = \frac{8\sqrt{2}}{16\sqrt{5}} = \frac{\sqrt{10}}{10}$$

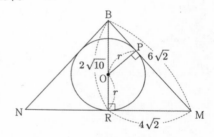

삼각형 BMN의 내접원의 반지름의 길이를 r이라 하면

$\overline{BO} : \overline{OP} = \overline{BM} : \overline{MR}$ 이므로

$$2\sqrt{10} - r : r = 3 : 2$$

$$3r = 4\sqrt{10} - 2r, \quad 5r = 4\sqrt{10}$$

$r = \dfrac{4\sqrt{10}}{5}$ 이므로 내접원의 넓이는 $\left(\dfrac{4\sqrt{10}}{5}\right)^2 \pi = \dfrac{32}{5}\pi$

따라서 삼각형 BMN에 내접하는 원의 평면 EFGH 위로의

정사영의 넓이는

$$\frac{32}{5}\pi \times \frac{\sqrt{10}}{10} = \frac{16\sqrt{10}}{25}\pi$$

28) 정답 ①

[출제자 : 이소영T]

[그림 : 최성훈T]

[검토자 : 최병길T]

구 위에 직사각형ABCD에서 D에서 AC에 내린 수선의 발을

H라 하면 $\overline{AD} \cdot \overline{CD} = \overline{DH} \cdot \overline{AC}$ 이므로 $\overline{DH} = \dfrac{4\sqrt{5}}{5}$ 이다.

사각형 ABCD와 점 E, $\angle$ EHD $= \dfrac{\pi}{3}$ 을 단순화하여 그리면

아래와 같다. 원 O 위의 점 E에서 직선 BD까지의 최단거리를

구해야 하므로 점 E에서 $\overline{BD}$에 내린 수선의 발을 H'라 하면

아래 그림과 같다.

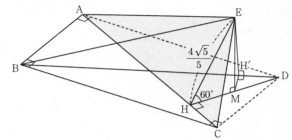

여기서 $\overline{EH'}$가 최단 거리가 된다. 일단 $\angle EHD = \frac{\pi}{3}$이므로 점 E에서 $\overline{DH}$에 내린 수선의 발을 M이라 할 때, M은 $\overline{DH}$의 중점에 떨어지게 되고, M에서 $\overline{BD}$에 수선의 발을 내리면 점 H'이므로 $\overline{EH'}^2 = \overline{MH'}^2 + \overline{EM}^2$이 성립함을 알 수 있다. 직사각형의 점 D를 원점 O로 좌표평면에 표현하면 아래와 같다.

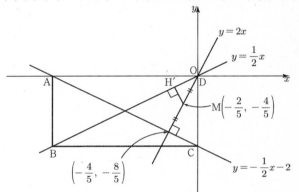

직선 AC의 방정식은 $y = -\frac{1}{2}x - 2$이고 점 O(=D)를 지나는 수선은 $y = 2x$가 된다. 두 직선의 교점은 $\left(-\frac{4}{5}, -\frac{8}{5}\right)$이므로 $M\left(-\frac{2}{5}, -\frac{4}{5}\right)$이다. 점 M에서 직선 OB에서 점M사이의 거리를 구해보자. 직선 OB : $x - 2y = 0$, $M\left(-\frac{2}{5}, -\frac{4}{5}\right)$이므로

$$\overline{MH'} = \frac{\left|-\frac{2}{5} + \frac{8}{5}\right|}{\sqrt{1+4}} = \frac{6}{5\sqrt{5}}$$이다.

또, $\overline{EM}$은 $\triangle EHM$에서 $\angle EHM = \frac{\pi}{3}$이므로

$$\overline{EM} = \frac{2\sqrt{15}}{5} = \frac{2\sqrt{3}}{\sqrt{5}}$$이다.

$\overline{EH'}^2 = \overline{MH'}^2 + \overline{EM}^2$에 대입해보면

$$\overline{EH'}^2 = \frac{36}{125} + \frac{12}{5}$$

$$\overline{EH'}^2 = \frac{36}{125} + \frac{300}{125} = \frac{336}{125}$$

$$\overline{EH'} = \frac{4\sqrt{21}}{5\sqrt{5}} = \frac{4\sqrt{105}}{25}$$이다.

---

29) 정답 24

[출제자 : 이호진T]
[검토자 : 강동희T]

아래 그림과 같이 선분 FP의 길이를 a라 하였을 때, 선분 PF'의 길이는 $a+2$이다.

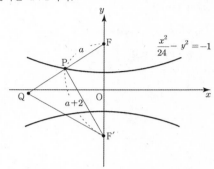

또한, $c^2 = 1 + 24$에서 $c = 5$이므로 $|\overline{FF'}| = |\overline{F'Q}| = 10$이다. 따라서 삼각형FQF'은 이등변삼각형이고 $\overline{PQ} = \overline{PF}$에서 $\angle FPF' = 90°$임을 알 수 있다.

따라서 $a = 6$이므로 $\triangle PQF'$의 넓이는 $\frac{1}{2} \times 6 \times 8 = 24$이다.

---

30) 정답 109

[그림 : 이정배T]
[검토자 : 한정아T]

조건 (가)에서

$$2\overrightarrow{AB} - 5\overrightarrow{PE} = 5\overrightarrow{ED} - 2\overrightarrow{FA}$$
$$2\overrightarrow{AB} + 5\overrightarrow{EP} = 2\overrightarrow{AF} + 5\overrightarrow{ED}$$
$$2(\overrightarrow{AB} - \overrightarrow{AF}) = 5(\overrightarrow{ED} - \overrightarrow{EP})$$
$$2\overrightarrow{FB} = 5\overrightarrow{PD}$$
$$\overrightarrow{PD} = \frac{2}{5}\overrightarrow{FB}$$

벡터 $\overrightarrow{PD}$는 벡터 $\overrightarrow{FB}$와 방향이 같고, $|\overrightarrow{PD}| = \frac{2}{5}|\overrightarrow{FB}|$이므로 점 P의 위치는 다음과 같다.

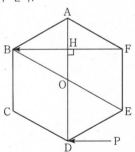

조건 (나)에서

$$|\overrightarrow{BA} + \overrightarrow{EA}| = |\overrightarrow{DE} + \overrightarrow{EA}| = |\overrightarrow{DA}| = 10$$

두 대각선 AD, CF가 만나는 점을 O라 하자. 그러므로 $\overline{OD} = 5$ 점 O에서 선분 BF에 내린 수선의 발을 H라 하면

$\overline{OH} = \dfrac{1}{2}\overline{OA} = \dfrac{5}{2}$

따라서 $\overline{DH} = \dfrac{3}{2}\overline{OD} = \dfrac{15}{2}$

$\overrightarrow{DP} /\!/ \overrightarrow{BF}$에서 사각형 BFDP는 사다리꼴이므로

사각형 BFDP의 넓이는

$\dfrac{1}{2} \times (\overline{BF} + \overline{PD}) \times \overline{DH} = \dfrac{1}{2} \times (5\sqrt{3} + 2\sqrt{3}) \times \dfrac{15}{2} = \dfrac{105}{4}\sqrt{3}$

따라서 $p = 4, \ q = 105$이므로

$p + q = 4 + 105 = 109$

랑데뷰☆수학 평가원 싱크로율 99% 모의고사 1회 - 6평

수학 영역

성명		수험 번호				—			

○ 문제지의 해당란에 성명과 수험번호를 정확히 쓰시오.

○ 답안지의 필적 확인란에 다음의 문구를 정자로 기재하시오.

> **랑데뷰 수학 – 수능을 보다!**

○ 답안지의 해당란에 성명과 수험 번호를 쓰고, 또 수험 번호, 문형 (홀수/짝수), 답을 정확히 표시하시오.

○ 단답형 답의 숫자에 '0'이 포함되면 그 '0'도 답란에 반드시 표시하시오.

○ 문항에 따라 배점이 다르니, 각 물음의 끝에 표시된 배점을 참고하시오. 배점은 2점, 3점 또는 4점입니다.

○ 계산은 문제지의 여백을 활용하시오.

※ 시험이 시작되기 전까지 표지를 넘기지 마시오.

랑데뷰

수학 영역

5지선다형

1. $(-\sqrt{3})^4 \times 27^{-\frac{1}{3}}$의 값은? [2점]

① $\frac{1}{3}$ ② 1 ③ 3 ④ 9 ⑤ 27

2. 함수 $f(x) = \frac{1}{4}x^4 + 16$에 대하여 $\lim_{h \to 0} \frac{f(3+h)-f(3)}{h}$의 값은?

[2점]

① 18 ② 21 ③ 24 ④ 27 ⑤ 30

3. $\frac{3}{2}\pi < \theta < 2\pi$인 θ에 대하여 $\cos^2\theta = \frac{9}{25}$일 때, $\sin^2\theta + \cos\theta$의 값은? [3점]

① $\frac{7}{5}$ ② 1 ③ $\frac{31}{25}$ ④ $\frac{6}{5}$ ⑤ $\frac{29}{25}$

4. 함수 $y = f(x)$의 그래프가 그림과 같다.

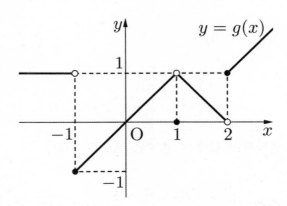

$\lim_{x \to -1+} f(x) + \lim_{x \to 2-} f(x)$의 값은? [3점]

① -2 ② -1 ③ 0 ④ 1 ⑤ 2

5. 등비수열 $\{a_n\}$에 대하여

$$a_7 = 36, \quad \frac{a_{10}}{a_7} = 12$$

가 성립할 때, a_4의 값은? [3점]

① 1 ② 2 ③ 3 ④ 4 ⑤ 5

6. 실수 전체의 집합에서 연속인 함수 $f(x)$가

$$f(x) = \begin{cases} \dfrac{1}{2}x & (0 \leq x < 2) \\ ax+b & (2 \leq x \leq 4) \end{cases}, \quad f(x+4) = f(x)를$$

만족할 때, $f(7)$의 값은? [3점]

① $-\dfrac{4}{11}$ ② $-\dfrac{1}{2}$ ③ 0 ④ $\dfrac{1}{2}$ ⑤ $\dfrac{4}{11}$

7. 두 함수 $y = 4\sin 3x$, $y = 3\cos 2x$ 의 그래프가 x축과 만나는 점을 각각 $\mathrm{A}(a, 0)$, $\mathrm{B}(b, 0)$ 라 하자. $y = 4\sin 3x$ 의 그래프 위의 임의의 점 P에 대하여 $\triangle \mathrm{ABP}$ 의 넓이의 최댓값은?

$\left(\text{단, } 0 < a < \dfrac{\pi}{2} < b < \pi\right)$ [3점]

① $\dfrac{\pi}{3}$ ② $\dfrac{\pi}{2}$ ③ $\dfrac{2\pi}{3}$ ④ $\dfrac{5\pi}{6}$ ⑤ π

8. $(a_3)^3 < 0$인 등비수열 $\{a_n\}$에 대하여

$$a_4 = 16, \quad (a_5)^2 - (a_3)^2 = 960$$

일 때, a_2의 값은? [3점]

① -2　　② 2　　③ -4　　④ 4　　⑤ -8

9. 상수 a에 대하여 함수

$$f(x) = \begin{cases} x + a + 1 & (x < 0) \\ -\dfrac{1}{2}x^2 + 3x + 2a - 1 & (x \geq 0) \end{cases}$$

에 대하여 함수 $\{f(x) - a\}^2$이 실수 전체의 집합에서 연속일 때, a의 값은? (단, $a > 0$) [4점]

① 1　　② $\sqrt{2}$　　③ $\sqrt{3}$　　④ 2　　⑤ $\sqrt{5}$

10. 다음 조건을 만족시키는 삼각형 ABC의 외접원의 넓이가 48π일 때, 삼각형 ABC의 넓이는? [4점]

> (가) $\sin A = 2\sin B$
> (나) $\cos A = \cos C$

① $\dfrac{43\sqrt{15}}{4}$　　② $11\sqrt{15}$　　③ $\dfrac{45\sqrt{15}}{4}$

④ $\dfrac{23\sqrt{15}}{2}$　　⑤ $\dfrac{47\sqrt{15}}{4}$

11. 최고차항의 계수가 1인 삼차함수 $f(x)$가

$$\lim_{x \to a} \frac{f(x)-a}{(x-a)^2} = 1$$

를 만족시킨다. 곡선 $y = f(x)$위의 점 $(a, f(a))$에서의 접선의 y절편이 1일 때, $f(2)$의 값은? [4점]

① 7   ② 6   ③ 5   ④ 4   ⑤ 3

12. 그림과 같이 두 곡선 $y = \log_2 x$, $y = -\log_2(-x+1)$가 있다. 곡선 $y = \log_2 x$위의 제1사분면에 있는 점 A를 지나고 x축에 평행한 직선이 곡선 $y = -\log_2(-x+1)$와 만나는 점을 B라 하고 점 B를 지나고 y축에 평행한 직선이 곡선 $y = \log_2 x$와 만나는 점을 C라 하자. 점 C를 지나고 x축에 평행한 직선이 곡선 $y = -\log_2(-x+1)$와 만나는 점을 D라 하자. $\overline{AB} = 3\overline{CD}$일 때, 선분 AB의 길이는? [4점]

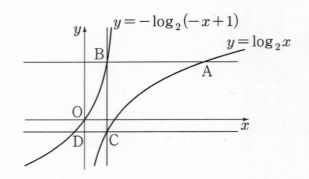

① $\dfrac{9}{4}$ ② $\dfrac{5}{2}$ ③ $\dfrac{11}{4}$ ④ 3   ⑤ $\dfrac{13}{4}$

13. 두 곡선 $y = \frac{1}{2}x^3 + x - 1$, $y = mx^2 + 4$와 y축으로 둘러싸인

부분의 넓이를 A라 하고 두 곡선 $y = \frac{1}{2}x^3 + x - 1$, $y = mx^2 + 4$

및 직선 $x = 2$로 둘러싸인 부분의 넓이를 B라 하자.

$A - B = 2$일 때, 상수 m의 값은? ($m < 0$) [4점]

① -1 ② $-\frac{3}{2}$ ③ -2 ④ $-\frac{5}{2}$ ⑤ -3

14. 다음 조건을 만족시키는 모든 자연수 k의 값의 합은? [4점]

$\log_2(kn - 40) - \log_{\sqrt{2}}\sqrt{-n^2 + 12n - 20}$ 의 값이 1보다 큰 양수가 되도록 하는 자연수 n의 개수가 2이다.

① 15   ② 17   ③ 19   ④ 21   ⑤ 23

15. 최고차항의 계수가 1인 삼차함수 $f(x)$에 대하여 함수

$$g(x)=\begin{cases} f(x) & (x < 0) \\ x-1 & (x \geq 0) \end{cases}$$

가 다음 조건을 만족시킨다.

> (가) 함수 $g(x)$는 실수 전체의 집합에서 증가하고 미분가능하다.
> (나) 양의 상수 k와 모든 실수 x에 대하여
>
> $$\int_{-k}^{x} g(t)\{|t^2-k^2|+t^2-k^2\}dt \geq 0$$
>
> $$\int_{k+1}^{x} g(t)\{|(t-k)(t-k+1)|-(t-k)(t-k+1)\}dt \geq 0$$
>
> 이다.

$g(-k)$의 최댓값은? [4점]

① $-3+\sqrt{3}$ ② $-4+\sqrt{3}$ ③ $-5+\sqrt{3}$

④ $-6+\sqrt{3}$ ⑤ $-7+\sqrt{3}$

단답형

16. $\log_5\{\log_3(\log_2 x)\}=1$일 때, $\log_8 x$의 값을 구하시오. [3점]

17. 함수 $f(x)$가

$$f'(x)=x^3+x, \quad f(0)=1$$

을 만족시킬 때, $f(2)$의 값을 구하시오. [3점]

18. $\sum\limits_{n=1}^{10} \dfrac{a}{n^2+2n} = \dfrac{175}{132}$ 일 때, 상수 a의 값을 구하시오. [3점]

19. 수직선 위를 움직이는 점 P의 시각 $t(t \geq 0)$에서의 속도 $v(t)$가

$$v(t) = \begin{cases} -t^2 + kt + 2 - k \,(0 \leq t \leq k) \\ kt - k^2 + 2 - k \quad (t > k) \end{cases}$$

일 때, 출발한 후 점 P의 운동 방향이 바뀌지 않는다. k가 최대일 때, 점 P가 $t=0$에서 $t=4$까지 점 P가 움직인 거리를 a라 하자. $3a$의 값을 구하시오. (단, $k>0$) [3점]

20. 10보다 작은 두 자연수 a, b에 대하여 $0 < x < 2\pi$에서 함수 $y = a\sin 2x + b$의 그래프가 세 직선 $y=0$, $y=4$, $y=8$와 만나는 점의 집합을 각각 A, B, C라 하자. $n(A \cup B \cup C)=6$이 되도록 하는 a, b의 순서쌍 (a, b)개수를 구하시오. [4점]

21. 최고차항의 계수가 -1이고 $f(0)=f'(2)=0$인 사차함수 $f(x)$가 다음 조건을 만족시킬 때, $f(1)=\dfrac{q}{p}$이다. $p+q$의 값을 구하시오. (단, p와 q는 서로소인 자연수이다.) [4점]

> (가) $f'(a) \geq 0$인 실수 a의 최댓값은 3이다.
> (나) 실수 t에 대하여 방정식 $f(x)=t$의 실근의 개수를 $g(t)$라 할 때, $\displaystyle\lim_{t \to k-} g(t)=4$를 만족시키는 k의 최댓값은 -1이다.

22. 수열 $\{a_n\}$은 모든 자연수 n에 대하여

$$a_{n+1}=\begin{cases} a_n - \log_2 n \times a_{\log_2 n} & (\log_2 n \text{이 자연수일 때}) \\ a_n + a_1 & (\log_2 n \text{이 자연수가 아닐 때}) \end{cases}$$

를 만족시킨다. $a_m = 0$인 자연수 m을 작은 순서대로 나열하면 $m_1,\ m_2,\ m_3,\ \cdots$이다. $a_{m_1+m_2}=m_3$일 때, a_{17}의 값을 구하시오.

[4점]

* 확인 사항

○ 답안지의 해당란에 필요한 내용을 정확히 기입(표기)했는지 확인하시오.

○ 이어서, 「선택과목(확률과 통계)」 문제가 제시되오니, 자신이 선택한 과목인지 확인하시오.

제 2 교시   # 수학 영역(확률과 통계)

5지선다형

23. 6개의 문자 a, a, a, b, b, c를 일렬로 나열하는 경우의 수는? [2점]

① 30   ② 40   ③ 50   ④ 60   ⑤ 70

24. 주머니 A에는 1부터 3까지의 자연수가 하나씩 적혀 있는 3장의 카드가 들어 있고, 주머니 B에는 1부터 5까지의 자연수가 하나씩 적혀 있는 5장의 카드가 들어 있다. 두 주머니 A, B에서 각각 카드를 임의로 한 장씩 꺼낼 때, 꺼낸 두 장의 카드에 적힌 수의 차가 3이상일 확률은? [3점]

① $\dfrac{1}{5}$ ② $\dfrac{4}{15}$ ③ $\dfrac{1}{3}$ ④ $\dfrac{2}{5}$ ⑤ $\dfrac{7}{15}$

25. 수직선의 원점에 점 P가 있다. 한 개의 주사위를 사용하여 다음 시행을 한다.

> 주사위를 한 번 던져 나온 눈의 수가
> 6의 약수이면 점 P를 양의 방향으로 2만큼 이동시키고,
> 6의 약수가 아니면 점 P를 음의 방향으로 1만큼 이동시킨다.

이 시행을 5번 반복할 때, 5번째 시행 후 점 P의 좌표가 -2일 확률은? [3점]

① $\dfrac{10}{243}$ ② $\dfrac{4}{81}$ ③ $\dfrac{14}{243}$ ④ $\dfrac{16}{243}$ ⑤ $\dfrac{2}{27}$

26. 다항식 $(ax+1)^6$의 전개식에서 x의 계수와 x^3의 계수가 같을 때, 양수 a에 대하여 x^2의 계수는? [3점]

① 3 ② $\dfrac{7}{2}$ ③ 4 ④ $\dfrac{9}{2}$ ⑤ 5

27. 두 숫자 1, 2와 세 문자 a, b, c중에서 중복을 허락하여 7개를 택해 일렬로 나열하려고 한다. 다음 조건이 성립하도록 나열하는 경우의 수는? [3점]

(가) 양 끝 모두에 숫자가 나온다.
(나) b와 c는 한 번만 나온다.

① 2000 ② 2040 ③ 2080 ④ 2120 ⑤ 2160

28. 탁자 위에 앞면인 동전1개와 뒷면인 동전4개가 놓여 있다. 5개의 동전 중 임의로 한 개의 동전을 택하여 한번 뒤집는 시행을 6회 반복 후 앞면이 동전 1개와 뒷면인 동전4개가 있거나 모두 같은 면이 보이도록 놓여 있을 때, 모두 같은 면이 보이도록 놓여 있을 확률은? [4점]

① $\dfrac{710}{6013}$ ② $\dfrac{720}{6013}$ ③ $\dfrac{730}{6013}$ ④ $\dfrac{740}{6013}$ ⑤ $\dfrac{750}{6013}$

29. 어느 학교의 전체 학생 240명을 대상으로 동아리 가입 여부를 조사한 결과 남학생의 60%와 여학생의 50%가 동아리에 가입하였다고 한다. 이 학교의 동아리에 가입한 학생 중 임의로 1명을 선택할 때 이 학생이 남학생일 확률을 p_1, 이 학교의 동아리에 가입한 학생 중 임의로 1명을 선택할 때 이 학생이 여학생일 확률을 p_2, 이 학교 전체 학생 중 임의로 1명을 선택할 때 이 학생이 동아리에 미가입한 여학생일 확률을 p_3이라 하자. $p_1 = 2p_2$일 때, $48p_3$의 값을 구하시오. [4점]

30. 집합 $X = \{-2, -1, 0, 1, 2\}$에 대하여 다음 조건을 만족시키는 함수 $f : X \to X$의 개수를 구하시오. [4점]

(가) X의 모든 원소 x에 대하여 $f(x) - x \in X$이다.
(나) $x = -2, -1, 0, 1$일 때 $f(x) \leq f(x+1)$이다.

* 확인 사항

○ 답안지의 해당란에 필요한 내용을 정확히 기입(표기)했는지 확인 하시오.

○ 이어서, 「선택과목(미적분)」 문제가 제시되오니, 자신이 선택한 과목인지 확인하시오.

제 2 교시

수학 영역(미적분)

5지선다형

23. $\displaystyle\lim_{n\to\infty}\dfrac{3}{\sqrt{4n^2+7n}-\sqrt{4n^2+n}}$ 의 값은? [2점]

① 1   ② $\dfrac{3}{2}$ ③ 2   ④ $\dfrac{5}{2}$ ⑤ 3

24. $x>-1$에서 곡선 $(x+1)^2-ye^{2x}+\ln(x+1)=0$ 위의 점 $(0,\ 1)$에서의 접선의 기울기는? [3점]

① 1   ② 2   ③ e ④ 3   ⑤ $e+1$

25. 함수 $f(x) = 2x^3 + 3x - 1$의 역함수를 $g(x)$라 할 때, $g'(4)$의 값은? [3점]

① 1　　　② $\dfrac{1}{2}$　　　③ $\dfrac{1}{3}$　　　④ $\dfrac{1}{7}$　　　⑤ $\dfrac{1}{9}$

26. 좌표평면에서 곡선 $y = \tan x$위의 점 $\mathrm{P}(t,\ \tan t)$ $\left(0 < t < \dfrac{\pi}{2}\right)$를 중심으로 하고 y축에 접하는 원을 C라 하자. 원 C가 y축에 접하는 점을 Q, 선분 OP와 만나는 점을 R라 하자.

$\displaystyle\lim_{t \to 0+} \dfrac{\overline{\mathrm{OR}}}{\overline{\mathrm{OQ}}}$의 값은? (단, O는 원점이다.) [3점]

① $\sqrt{2}-1$　　　② $\sqrt{3}-1$　　　③ $\sqrt{2}$

④ $\sqrt{3}$　　　⑤ $\sqrt{2}+1$

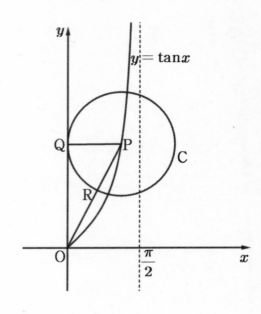

27. 상수 $a(a>1)$과 실수 $t(t>1)$에 대하여 곡선 $y=\log_a x$위의 점 $A\left(t,\ \log_a t\right)$에서의 접선을 l이라 하자. 점 A를 지나고 직선 l에 수직인 직선이 x축과 만나는 점을 B, y축과 만나는 점을 C라 하자. $\dfrac{\overline{\mathrm{AC}}}{\overline{\mathrm{AB}}}$의 최솟값이 $8e$일 때, a의 값은? [3점]

① $\sqrt{e}$ ② e ③ $2e$ ④ e^2 ⑤ $2e^2$

28. 상수 $a(0<a<3)$에 대하여 $f(0)=f(a)$, $f'(a)=0$을 만족시키는 최고차항의 계수가 1인 삼차함수 $f(x)$에 대하여 함수 $g(x)$를

$$g(x)=\begin{cases}4e^{x-\frac{a}{3}}+\dfrac{4}{27}a^3 & \left(x<\dfrac{a}{3}\right)\\[2mm] f(x) & \left(x\geq\dfrac{a}{3}\right)\end{cases}$$

라 하자. 실수 $t\left(t>\dfrac{4}{27}a^3\right)$에 대하여 $g(x)=t$를 만족시키는 x의 최댓값을 $h(t)$라 할 때, 함수 $h(t)$가 $t=4$일 때만 불연속이다. $h'(g(a+2))=\dfrac{1}{16}$일 때, $h'\left(g\left(\dfrac{1}{3}-\ln 2\right)\right)$의 값은?

(단, $g(0)<4$, $\ln 2>\dfrac{1}{3}$이다.) [4점]

① $\dfrac{1}{2e}$ ② $\dfrac{1}{e}$ ③ $\dfrac{1}{2}$ ④ $\dfrac{1}{4}$ ⑤ $\dfrac{1}{8}$

단답형

29. 함수 $f(x) = e^x(x^4 - 6x^3 + 19x^2 - 38x + 38) + a$ (a는 상수)와 두 양수 b, c에 대하여 함수

$$g(x) = \begin{cases} f(x) & (x \geq b) \\ -f(x-c) & (x < b) \end{cases}$$

가 실수 전체의 집합에서 미분가능할 때, $|a + (b+c+5)e|$의 값을 구하시오. [4점]

30. 점 $\left(-\dfrac{\pi}{2}, 0\right)$에서 곡선 $y = \sin x$ $(x > 0)$에 접선을 그어 접점의 x좌표를 작은 수부터 크기순으로 모두 나열할 때, n번째 수를 a_n이라 하자. $\dfrac{100}{\pi} \times \lim\limits_{n \to \infty} a_n^2 \tan(a_{n+1} - a_n)$의 값을 구하시오. [4점]

제 2 교시

수학 영역(기하)

5지선다형

23. 서로 평행하지 않은 두 벡터 $\vec{a}$, $\vec{b}$에 대하여 두 벡터

$$2\vec{a}+\vec{b},\ 3\vec{a}+k\vec{b}$$

가 서로 평행하도록 하는 실수 k의 값은?
(단, $\vec{a}\neq\vec{0}$, $\vec{b}\neq\vec{0}$) [2점]

① 1　　② $\dfrac{3}{2}$　　③ 2　　④ $\dfrac{5}{2}$　　⑤ 3

24. 쌍곡선 $\dfrac{x^2}{a^2}-\dfrac{y^2}{b^2}=1$의 주축의 길이가 8이고 한 점근선의

방정식이 $y=3x$일 때, 두 초점 사이의 거리는? [3점]

① $4\sqrt{10}$　　② $6\sqrt{10}$　　③ $8\sqrt{10}$
④ $10\sqrt{10}$　　⑤ $12\sqrt{10}$

25. 좌표평면에서 두 직선

$$\frac{x-2}{3}=\frac{1-y}{4}, \quad 5x-1=\frac{5y-1}{2}$$

가 이루는 예각의 크기를 θ라 할 때, $\cos\theta$의 값은? [3점]

① $\dfrac{\sqrt{5}}{5}$ ② $\dfrac{\sqrt{6}}{5}$ ③ $\dfrac{\sqrt{7}}{5}$ ④ $\dfrac{2\sqrt{2}}{5}$ ⑤ $\dfrac{3}{5}$

26. 좌표평면에서 쌍곡선 $x^2-\dfrac{y^2}{3}=1$과 직선 $y=x+1$이 만나는 두 점을 A, B라 하자. 두 점 A, B에서의 두 접선이 만나는 점을 C라 할 때, 삼각형 ABC의 넓이는? [3점]

① 4 ② $\dfrac{9}{2}$ ③ 5 ④ $\dfrac{11}{2}$ ⑤ 6

27. $\overline{AC}=\overline{BC}=2$, $\angle C=90°$ 인 직각이등변삼각형 ABC가 있다. 점 B를 중심으로 하고 반지름의 길이가 1인 원 위를 움직이는 점 P에 대하여 $\overrightarrow{AC} \cdot \overrightarrow{AP}$ 의 최댓값과 최솟값의 합은? [3점]

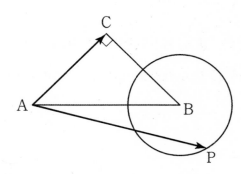

① 6   ② 7   ③ 8   ④ 10   ⑤ 12

28. 좌표평면 위의 두 점 A(0, 1), B(−1, 1)에 대하여 두 점 P, Q가 $|\overrightarrow{OP}|=1$, $|\overrightarrow{BQ}|=4$, $\overrightarrow{AP} \cdot (\overrightarrow{QA}+\overrightarrow{QP})=0$ 을 만족시킨다. $|\overrightarrow{PQ}|$의 값이 최소가 되도록 하는 두 점 P, Q에 대하여 $\tan(\angle OQP)$의 값은? (단, O는 원점이고, $|\overrightarrow{AP}|>0$이다.) [4점]

① $\dfrac{1}{5}$ ② $\dfrac{1}{4}$ ③ $\dfrac{1}{3}$ ④ $\dfrac{\sqrt{2}}{2}$ ⑤ 1

29. 좌표평면에 곡선 $|x^2-4| = \dfrac{y^2}{b^2}$ 과 네 점 $A(-c-2,\ 0)$, $B(c+2,\ 0)$, $C(0,\ c)$, $D(0,\ -c)$이 있다. 곡선 위의 점 중에서 x좌표의 절댓값이 2보다 작거나 같은 모든 점 P에 대하여 $\overline{PC}+\overline{PD}=2\sqrt{5}$이다. 곡선 위의 점 Q가 제 1사분면에 있고 $\overline{AQ}:\overline{BQ}=3:2$일 때, 삼각형 ABQ의 둘레의 길이를 구하시오. (단, b와 c는 양수이다.) [4점]

30. 두 초점이 $F(4\sqrt{3},\ 0)$, $F'(-4\sqrt{3},\ 0)$이고, 주축의 길이가 12인 쌍곡선이 있다. 이 쌍곡선 위를 움직이는 점 $P(x,\ y)\,(x>0)$에 대하여 선분 $F'P$ 위의 점 Q가

$$(|\overrightarrow{FP}|+2)\overrightarrow{F'Q}=10\overrightarrow{QP}$$

를 만족시킨다. 점 Q가 나타내는 도형 전체의 길이가 $\dfrac{q}{p}\pi$일 때, $10p+q$의 값을 구하시오. (단, p,q는 서로소인 자연수이다.) [4점]

※ 시험이 시작되기 전까지 표지를 넘기지 마시오.

랑데뷰☆수학 평가원 싱크로율 99% 모의고사 2회 - 9평

수학 영역

성명		수험 번호				—			

○ 문제지의 해당란에 성명과 수험번호를 정확히 쓰시오.

○ 답안지의 필적 확인란에 다음의 문구를 정자로 기재하시오.

랑데뷰 수학 - 수능을 보다!

○ 답안지의 해당란에 성명과 수험 번호를 쓰고, 또 수험 번호, 문형 (홀수/짝수), 답을 정확히 표시하시오.

○ 단답형 답의 숫자에 '0'이 포함되면 그 '0'도 답란에 반드시 표시하시오.

○ 문항에 따라 배점이 다르니, 각 물음의 끝에 표시된 배점을 참고하시오. 배점은 2점, 3점 또는 4점입니다.

○ 계산은 문제지의 여백을 활용하시오.

※ 시험이 시작되기 전까지 표지를 넘기지 마시오.

랑데뷰

제 2 교시

수학 영역

5지선다형

1. $\sqrt{9} \times \sqrt[3]{27}$ 의 값은? [2점]

① 4   ② 9   ③ 12   ④ 18   ⑤ 27

2. $\lim_{x \to \infty}(\sqrt{x^2+9x}-x)$의 값은? [2점]

① $-\dfrac{9}{2}$ ② $-\dfrac{3}{2}$ ③ $\dfrac{3}{2}$ ④ $\dfrac{9}{2}$ ⑤ 9

3. 두 함수 $f(x)=x^3-6x^2$, $g(x)=-9x+4$로 둘러싸인 영역의 넓이는? [3점]

① $\dfrac{27}{4}$ ② 8   ③ $\dfrac{33}{4}$ ④ $\dfrac{17}{2}$ ⑤ $\dfrac{35}{4}$

4. 함수 $y=f(x)$의 그래프가 다음 그림과 같다.

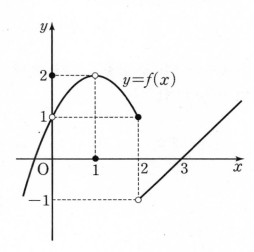

$\lim_{x \to 1}\{f(x)\}^2 + \lim_{x \to -2+} f(|x|)$ 의 값은? [3점]

① 1   ② 2   ③ 3   ④ 4   ⑤ 5

5. 곡선 $y = x^2 + 2$ 위의 점 $(a, a^2 + 2)$에서의 접선이 원 $x^2 + y^2 - 2y = 0$의 넓이를 이등분할 때, 양수 a의 값은? [3점]

① 1   ② $\sqrt{2}$ ③ $\sqrt{3}$ ④ 2   ⑤ $\sqrt{5}$

6. 이차방정식 $x^2 - 8x + 6 = 0$의 두 근을 α, β라 할 때, $2 \times 2^{\alpha\beta} \times 2^{-\alpha - \beta}$의 값은? [3점]

① $\dfrac{1}{2}$ ② 1   ③ 2   ④ 4   ⑤ 8

7. 함수 $f(x) = \begin{cases} 3^x & (3^x \geq 9^x) \\ 9^x & (3^x < 9^x) \end{cases}$에 대하여 $f(a) \times f(-a) = f(0) + 8$일 때, 양수 a의 값은? [3점]

① 1   ② 2   ③ 3   ④ 4   ⑤ 5

8. 1이 아닌 두 양의 상수 a, b에 대하여 두 수 $\log_9 a$, $\log_a b$의 합과 곱이 각각 3, 2일 때, $a+b$의 최댓값은? [3점]

① 9   ② 18   ③ 81   ④ 90   ⑤ 162

9. 함수 $f(x)=x^3+5x+1$에 대하여

$$2\int_{-1}^{0} f(x)dx + \int_{0}^{1}(3x^2+2f(x))dx$$

의 값은? [4점]

① 9   ② 7   ③ 5   ④ 3   ⑤ 1

10. $\angle B > \dfrac{\pi}{2}$인 삼각형 ABC의 꼭짓점 B에서 선분 AC에 내린 수선의 발을 H라 하자.

$$\overline{AB} : \overline{BC} = 1 : 2, \quad \overline{AH} = 1$$

이고, 삼각형 ABC의 외접원의 반지름의 길이가 2일 때, 선분 BH의 길이는? [4점]

① 1   ② $\sqrt{2}$ ③ $\sqrt{3}$ ④ 2   ⑤ $\sqrt{5}$

11. 수직선 위를 움직이는 두 점 P, Q의 시각 t $(t \geq 0)$에서의 속도가 각각

$$v_1 = 2t + 1, \ v_2 = -3t^2 + 14t$$

이다. 두 점 P, Q의 $t = 0$일 때의 위치의 차가 6일 때, 두 점 P, Q의 위치가 같아지는 순간 두 점 P, Q의 가속도의 합은? (단, $t = 0$일 때, 점 P의 위치가 점 Q의 위치보다 작다.) [4점]

① -16 ② -18 ③ -20 ④ -22 ⑤ -24

12. 등차수열 $\{a_n\}$과 수열 $\{b_n\}$은 모든 자연수 n에 대하여

$$a_n + b_n = \sum_{k=1}^{n} (-1)^k a_k$$

를 만족시킨다. $b_2 = 3$, $b_3 + b_4 = 1$일 때, b_{10}의 값은? [4점]

① -9 ② -8 ③ -7 ④ -6 ⑤ -5

13. 함수

$$f(x)=\begin{cases} x^3+2 & (x<0) \\ -x^3+2 & (x\geq 0) \end{cases}$$

에 대하여 곡선 $y=f(x)$와 x축으로 둘러싸인 부분의 넓이를 A라 하자. 상수 k $(k>\sqrt[3]{2})$에 대하여 직선 $x=k$와 곡선 $y=f(x)$, x축으로 둘러싸인 부분의 넓이를 B라 하자. $A=2B$일 때, k의 값은? [4점]

① $\sqrt{2}$ ② $\sqrt{3}$ ③ 2 ④ $\sqrt{5}$ ⑤ $\sqrt{6}$

14. 자연수 n에 대하여 곡선 $y=2^x$ 와 직선 $y=2x+k$ $(k>1)$이 만나는 두 점을 A_n, B_n이라 하자. 두 점 A_n, B_n을 지나고 기울기가 -1인 두 직선이 곡선 $y=\log_2 x$와 만나는 점 중 x좌표가 작은 값을 x_n라 하자. $\overline{A_n B_n}=n\times\sqrt{5}$일 때,

$\displaystyle\sum_{n=1}^{99}\frac{x_n x_{n+1}}{2^{2-n}\times n(n+1)}$의 값은? (단, k는 상수이다.) [4점]

① $\dfrac{2^{100}-2}{2^{100}-1}$ ② $\dfrac{2^{100}-1}{2^{100}-2}$ ③ $\dfrac{2^{99}-2}{2^{99}-1}$

④ $\dfrac{2^{99}-1}{2^{99}-2}$ ⑤ $\dfrac{2^{98}-2}{2^{100}-1}$

15. 두 다항함수 $f(x)$, $g(x)$와 최고차항의 계수가 1인 이차함수 $h(x)$가 모든 실수 x에 대하여 다음 조건을 만족시킨다.

(가) $\displaystyle \int_{-1}^{x}(t-1)f(t)dt + \int_{1}^{x}(t-1)g(t)dt = \int_{1}^{x}(t-1)h(t)dt$

(나) $\displaystyle (x+1)f(x) = \int_{0}^{x}g(t)dt$

$h'(1)$의 값은? [4점]

① $\dfrac{5}{4}$ ② $\dfrac{7}{4}$ ③ $\dfrac{9}{4}$ ④ $\dfrac{11}{4}$ ⑤ $\dfrac{13}{4}$

단답형

16. $\log_5\{\log_3(\log_2 x)\}=1$일 때, $\log_8 x$의 값을 구하시오. [3점]

17. 상수 a에 대하여 삼차함수 $f(x)=\dfrac{2}{3}x^3-3x^2+ax+1$가 역함수를 가질 때, a의 최솟값을 m이라 하자. $2m$의 값을 구하시오. [3점]

18. $\sum\limits_{n=1}^{10} \dfrac{a}{n^2+2n} = \dfrac{175}{132}$ 일 때, 상수 a의 값을 구하시오. [3점]

19. 최고차항의 계수가 -1인 삼차함수 $f(x)$에 대하여 $f'(-3)=f'(-1)=45$이고 방정식 $f(x)=k$의 서로 다른 실근의 개수가 3일 때, k의 값의 범위는 $a<k<b$이다. $b-a$의 값을 구하시오. [3점]

20. 상수 $a\ (a>1)$에 대하여 닫힌구간 $[0, 2\pi]$에서 정의된 함수

$$f(x)=\begin{cases} -\cos x+1 & \left(0 \le x < \dfrac{3}{2}\pi\right) \\ -a\sin 2x+1 & \left(\dfrac{3}{2}\pi \le x \le 2\pi\right) \end{cases}$$

가 있다. $0 \le t \le 2\pi$인 실수 t에 대하여 x에 대한 방정식 $f(x)=f(t)$의 서로 다른 실근의 개수가 3이 되도록 하는 모든 t의 값의 합은 $\dfrac{q}{p}\pi$이다. $p+q$의 값을 구하시오. (단, p와 q는 서로소인 자연수이다.) [4점]

21. 최고차항의 계수가 1인 삼차함수 $f(x)$가 -1과 0을 제외한 모든 정수 k에 대하여

$$3k+2 \leq \frac{f(k+2)-f(k-1)}{10} \leq k^2+4k$$

를 만족시킨다. $\left| \int_{-1}^{1} xf(x)dx \right| = \frac{q}{p}$ 일 때, $p+q$의 값을 구하시오. (단, p와 q는 서로소인 자연수이다.) [4점]

22. 수열 $\{a_n\}$이 다음 조건을 만족시킨다.

(가) $a_3 \neq 0$
(나) 모든 자연수 n에 대하여
$$\left(a_{n+1}+a_n-\frac{a_1}{3}\right)\left(a_{n+1}+\frac{a_n}{a_1}\right)=0$$이다.

$a_5=0$이 되도록 하는 실수 a_1의 개수를 구하시오. [4점]

제 2 교시
수학 영역(확률과 통계)

5지선다형

23. 그림과 같이 직사각형 모양으로 연결된 도로망이 있다.
이 도로망을 따라 A지점에서 출발하여 P지점을 지나지 않고
B지점까지 최단거리로 가는 경우의 수는? [2점]

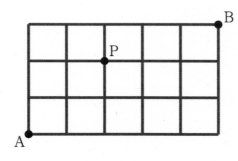

① 20   ② 24   ③ 28   ④ 32   ⑤ 36

24. 두 사건 A와 B는 서로 독립이고

$$P(A) = \frac{1}{3}, \ P(A \cup B) = \frac{5}{6}$$

일 때, $P(B)$의 값은? [3점]

① $\frac{1}{3}$ ② $\frac{5}{12}$ ③ $\frac{1}{2}$ ④ $\frac{7}{12}$ ⑤ $\frac{3}{4}$

25. 다항식 $\left(x+\sqrt[3]{3}\right)^6$의 전개식에서 계수가 유리수인 항의 계수의 총합은? [3점]

① 66 ② 67 ③ 68 ④ 69 ⑤ 70

26. 한 개의 주사위를 한 번 던질 때, 4이하의 눈이 나오는 사건을 A, 6이하의 자연수 n에 대하여 n의 배수의 눈이 나오는 사건을 B라 하자. 두 사건 A, B가 서로 독립이 되도록 하는 모든 n의 값의 합은? [3점]

① 2 ② 3 ③ 4 ④ 5 ⑤ 6

27. 이산확률변수 X가 가지는 값이 -2부터 2까지 정수이고

$$P(X=k)=P(X=k-2) \ (k=0, 1, 2)$$

이다. $V(X)=\dfrac{9}{4}$일 때, $P(X=1)$의 값은? [3점]

① $\dfrac{1}{16}$ ② $\dfrac{1}{8}$ ③ $\dfrac{1}{4}$ ④ $\dfrac{1}{2}$ ⑤ $\dfrac{2}{3}$

28. 집합 $X=\{1, 2, 3, 4, 5, 6\}$에 대하여 $f : X{\to}X$인 모든 함수 f 중에서 임의로 하나를 선택하는 시행을 한다.
이 시행에서 선택한 함수 f가 다음 조건을 만족시킬 때, $f(6)=4$일 확률은? [4점]

> $a{\in}X$, $b{\in}X$에 대하여 a가 b의 약수이면 $f(a)$는 $f(b)$의 약수이고 $f(a)<f(b)$이다.

① $\dfrac{1}{8}$ ② $\dfrac{1}{6}$ ③ $\dfrac{1}{4}$ ④ $\dfrac{1}{3}$ ⑤ $\dfrac{1}{2}$

단답형

29. 수직선의 원점에 점 A가 있다. 한 개의 주사위를 사용하여 다음 시행을 한다.

> 주사위를 한 번 던져 나온 눈의 수가
> 6의 약수이면 점 A를 양의 방향으로 2만큼 이동시키고,
> 6의 약수가 아니면 점 A를 음의 방향으로 -1만큼 이동시킨다.

이 시행을 4050번 반복하여 이동된 점 A의 위치가 90이상일 확률을 다음 표준정규분포표를 이용하여 구한 값을 k라 하자. $1000 \times k$의 값을 구하시오.

[4점]

z	$P(0 \le Z \le z)$
0.8	0.288
1.0	0.341
1.2	0.385
1.4	0.419

30. 검은색 볼펜 4개, 빨간색 볼펜 3개, 파란색 볼펜 1개가 있다. 숫자 1, 2, 3이 하나씩 적혀 있는 3개의 필통에 이 8개의 볼펜을 다음 조건을 만족시키도록 남김없이 나누어 넣는 경우의 수를 구하시오. (단, 같은 색 볼펜끼리는 서로 구별하지 않는다.) [4점]

> 숫자 k ($k=1, 2, 3$)가 적혀 있는 필통에 넣는 모든 볼펜의 개수를 S_k라 할 때, $0 \le S_1 \le 2 \le S_2$

> * 확인 사항
>
> ○ 답안지의 해당란에 필요한 내용을 정확히 기입(표기)했는지 확인하시오.
>
> ○ 이어서, 「선택과목(미적분)」 문제가 제시되오니, 자신이 선택한 과목인지 확인하시오.

제 2 교시

수학 영역(미적분)

5지선다형

23. 함수 $f(x)=\dfrac{ax}{\ln x}\ (x>1)$에 대하여 $f'(e^3)=2$일 때, 상수 a의 값은? [2점]

① 9 ② 8 ③ 7 ④ 6 ⑤ 5

24. 수열 $\{a_n\}$과 $\{b_n\}$이

$$\lim_{n\to\infty} a_n b_n = 3,\quad \lim_{n\to\infty} a_n = \infty$$

를 만족시킬 때, $\displaystyle\lim_{n\to\infty}\left\{a_n(b_n)^2-3a_n b_n-b_n+3\right\}$의 값은?
(단, $a_n\neq 0$) [3점]

① -6 ② -2 ③ 0 ④ 2 ⑤ 6

25. $f(4-x)=f(x)$을 만족시키는 함수 $f(x)$가

$\displaystyle\int_0^4 f(x)dx = 7$일 때, $\displaystyle\int_0^4 xf(x)dx$의 값은? [3점]

① 12   ② 14   ③ 16   ④ 18   ⑤ 20

26. 곡선 $y=\sqrt{x\sin x^2}$ $(0 \le x \le \sqrt{\pi})$와 x축 및 두 직선 $x=\sqrt{\dfrac{\pi}{6}}$, $x=\sqrt{\dfrac{\pi}{4}}$로 둘러싸인 부분을 밑면으로 하는 입체도형이 있다. 이 입체도형을 x축에 수직인 평면으로 자른 단면이 모두 정삼각형일 때, 이 입체도형의 부피는? [3점]

① $\dfrac{3-\sqrt{6}}{8}$ ② $\dfrac{3-\sqrt{6}}{16}$ ③ $\dfrac{3-\sqrt{6}}{4}$

④ $\dfrac{3+\sqrt{6}}{8}$ ⑤ $\dfrac{3+\sqrt{6}}{4}$

8. 두 실수 $a = \log 6^{\frac{2}{\log 3}} + \log_3 \frac{1}{9}$, $b = \log_2 27$에 대하여 $a \times b$의 값은? [3점]

① 2   ② 3   ③ 4   ④ 5   ⑤ 6

9. 함수 $f(x) = 4x^3 + 6x^2 + k \,(0 < k < 3)$에 대하여

$$\int_a^2 f(x)\,dx = \int_{-2}^2 f(x)\,dx$$

일 때, 정수 a의 값은? (단, $a \neq -2$이고 k는 상수이다.) [4점]

① -3 ② -1 ③ 0 ④ 1 ⑤ 2

10. 닫힌구간 $[0, 2\pi]$에서 정의된 함수 $f(x) = a\cos bx + b$가 $x = \frac{\pi}{6}$에서 최댓값 13을 가질 때, 함수 $f(x)$의 최솟값은? (단, a와 b는 자연수이다.) [4점]

① 8   ② 9   ③ 10   ④ 11   ⑤ 12

11. 시각 $t=0$일 때 출발하여 수직선 위를 움직이는 점 P의 시각 $t(t \geq 0)$에서의 위치 x가

$$x = t^4 - 2t^2 - 24t$$

이다. 출발한 후 점 P의 운동 방향이 바뀌는 시각에서의 점 P의 가속도는? [4점]

① 44   ② 42   ③ 40   ④ 38   ⑤ 36

12. $a_1 = b_1 = 1$인 수열 $\{a_n\}$, $\{b_n\}$에 대하여, 등차수열 $\{b_n\}$이 모든 자연수 n에 대하여

$$\sum_{k=1}^{n} \frac{a_k}{b_{k+3}} = \frac{n^4 + 2n^3 + n^2}{16}$$

를 만족시킬 때, $a_3 - a_2$의 값은? [4점]

① $\dfrac{31}{2}$ ② $\dfrac{41}{2}$ ③ $\dfrac{51}{2}$ ④ $\dfrac{61}{2}$ ⑤ $\dfrac{71}{2}$

13. 최고차항의 계수가 1이고 극댓값이 4인 삼차함수 $f(x)$가

$$\lim_{x \to 1} \frac{f(x)}{x-1} = 0$$

을 만족시킨다. 원점 O와 점 $P(2, f(2))$에 대하여 선분 OP가 곡선 $y = f(x)$와 만나는 점 중 P가 아닌 점을 Q라 하자. 곡선 $y = f(x)$와 y축 및 선분 OQ로 둘러싸인 부분의 넓이를 A, 곡선 $y = f(x)$와 선분 PQ로 둘러싸인 부분의 넓이를 B라 할 때, $B - A$의 값은? [4점]

① $\dfrac{3}{2}$ ② $\dfrac{7}{4}$ ③ 2   ④ $\dfrac{9}{4}$ ⑤ $\dfrac{5}{2}$

14. 삼각형 ABC의 점 C를 중심으로 하는 원 O와 선분 AC가 만나는 점을 D, 선분 BC와 만나는 점을 E, 점 A에서 선분 BC에 중선을 그어 선분 BC와 만나는 점을 F라 하자. 원 O 위의 임의의 점 P와 선분 AF가 이루는 삼각형 PAF의 넓이의 최솟값은 $20\sqrt{3} - 6\sqrt{21}$이다. 다음 조건을 만족시키는 삼각형 ABC의 넓이는? [4점]

> (가) $5\sin A = 8\sin B$
> (나) △ABC의 넓이와 △DEC의 넓이의 비는 40 : 9이다.
> (다) △DEC는 정삼각형이다.

① 40   ② $40\sqrt{2}$ ③ $40\sqrt{3}$ ④ 80   ⑤ $40\sqrt{5}$

15. $f'(0)=0$이고 최고차항의 계수가 1인 삼차함수 $f(x)$와 함수 $g(x)=-3x+a$에 대하여 함수

$$h(x)=\begin{cases} f(x) & (f(x) \geq g(x)) \\ g(x) & (f(x)< g(x)) \end{cases}$$

이 다음 조건을 만족시킬 때, $h(0)$의 최댓값과 최솟값의 합은? (단, a는 상수이다.) [4점]

> (가) 함수 $h(x)$는 실수 전체의 집합에서 미분가능하다.
> (나) 함수 $h(x)$는 극값 0을 갖는다.

① 5 ② 7 ③ 9 ④ 11 ⑤ 13

단답형

16. $\log_x (2x+3)=2$를 만족시키는 1이 아닌 양의 실수 x의 값을 구하시오. [3점]

17. 다항함수 $f(x)$에 대하여 $f'(x)=2x^3+6x$일 때, $f(2)-f(0)$의 값을 구하시오. [3점]

18. $a_1 a_2 < 0$인 등비수열 $\{a_n\}$에 대하여

$$a_3 a_9 = 4, \quad 4a_{11} - a_6 = 18$$

일 때, $a_6 \times a_{16}$의 값을 구하시오. [3점]

19. 0이 아닌 실수 a에 대하여 함수 $f(x)$를

$$f(x) = x^3 - 9ax^2 + 24a^2 x$$

라 하자. 함수 $f(x)$의 극댓값이 -16일 때, $f(1)$의 값을 구하시오. [3점]

20. 곡선 $y = \log_{0.5} x + 2$와 직선 $y = x$가 만나는 점의 x좌표를 k라 하자.

$x < k$인 모든 실수 x에 대하여
$f(x) = \log_{0.5} x + 2$이고, $f(f(x)) = 4x$로 정의한다.

$f\left(\dfrac{2}{k-2}\log_{0.5} k\right)$의 값을 구하시오. [4점]

21. 최고차항의 계수가 1인 삼차함수 $f(x)$가 다음 조건을 만족시킬 때, $f(10)$의 최댓값과 최솟값의 합을 구하시오. [4점]

(가) $f(x)=0$을 만족시키는 x의 개수는 2이상이고 합은 10이다.

(나) 모든 실수 α에 대하여 $\lim\limits_{x \to \alpha} \dfrac{f(x^2)}{f(2x+3)}$의 값이 존재한다.

22. 모든 항이 정수이고 다음 조건을 만족시키는 모든 수열 $\{a_n\}$에 대하여 $|a_1|$의 값의 합을 구하시오. [4점]

(가) 모든 자연수 n에 대하여

$$a_{n+1} = \begin{cases} \dfrac{a_n}{2} & (a_n=0 \text{ 또는 } |a_n| \text{이 짝수인 경우}) \\ a_n+3 & (|a_n| \text{이 홀수인 경우}) \end{cases}$$

이다.

(나) $|a_m|=|a_{m+2}|$인 자연수 m의 최솟값은 4이다.

제 2 교시

수학 영역(확률과 통계)

5지선다형

23. 그림과 같이 직사각형 모양으로 연결된 도로망이 있다.
이 도로망을 따라 A지점에서 출발하여 P지점을 지나지 않고
B지점까지 최단거리로 가는 경우의 수는? [2점]

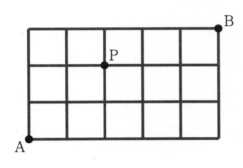

① 20   ② 24   ③ 28   ④ 32   ⑤ 36

24. 두 사건 A와 B는 서로 독립이고

$$P(A)=\frac{1}{3},\ P(A\cup B)=\frac{5}{6}$$

일 때, $P(B)$의 값은? [3점]

① $\frac{1}{3}$ ② $\frac{5}{12}$ ③ $\frac{1}{2}$ ④ $\frac{7}{12}$ ⑤ $\frac{3}{4}$

25. 다항식 $\left(x + \sqrt[3]{3}\right)^6$의 전개식에서 계수가 유리수인 항의 계수의 총합은? [3점]

① 66 ② 67 ③ 68 ④ 69 ⑤ 70

26. 한 개의 주사위를 한 번 던질 때, 4이하의 눈이 나오는 사건을 A, 6이하의 자연수 n에 대하여 n의 배수의 눈이 나오는 사건을 B라 하자. 두 사건 A, B가 서로 독립이 되도록 하는 모든 n의 값의 합은? [3점]

① 2 ② 3 ③ 4 ④ 5 ⑤ 6

27. 숫자 2, 4, 6, 8이 각각 하나씩 적혀 있는 4장의 카드가 들어 있는 주머니가 있다. 이 주머니에서 임의로 1장의 카드를 꺼내어 카드에 적혀 있는 수를 확인한 후 다시 넣는 시행을 한다. 이 시행을 5번 반복하여 확인한 다섯 개의 수의 평균을 $\overline{X}$라 하자. $\mathrm{E}(a\overline{X}+b)=\mathrm{V}(a\overline{X}+b)=9$일 때, $a+b$의 값은? (단, $a>0$) [3점]

① -6 ② -3 ③ 0 ④ 3 ⑤ 6

28. 집합 $X=\{1,\ 2,\ 3,\ 4,\ 6,\ 8\}$에 대하여 다음 조건을 만족시키는 함수 $f:X\rightarrow X$의 개수는? (단, $n=1,2,3,4$) [4점]

> (가) $f(1)\times f(8)$의 값이 8의 약수이다.
> (나) $f(n)\leq f(2n)$
> (다) $3f(1)\leq f(3)$

① 354   ② 358   ③ 362   ④ 371   ⑤ 372

29. 정규분포 $N(m_1, \sigma_1^2)$을 따르는 확률변수 X와 정규분포 $N(m_2, \sigma_2^2)$을 따르는 확률변수 Y의 확률밀도함수가 각각 $y=f(x)$, $y=g(x)$일 때, 다음 조건을 만족시킨다.

모든 실수 x에 대하여
$P(Y \le x) = P(X \le x+16)$이고
$h(x) = \{f(x)-g(x)\}\{f(x+2)-g(x+2)\}$에 대하여
$h(k) < 0$을 만족시키는 자연수 k의 값은 14 뿐이다.

$P(15 \le X \le 23) + P(15 \le Y \le 23)$의 값을 다음 표준정규분포표를 이용하여 구한 것이 0.3413일 때, 자연수 m_1에 대하여 $m_1 + \sigma_2$의 값을 구하시오. (단, σ_1과 σ_2는 양수이다.) [4점]

z	$P(0 \le Z \le z)$
0.5	0.1915
1.0	0.3413
1.5	0.4332
2.0	0.4772

30. 5종류의 회전판이 있다. 아래 그림과 같이 첫 번째 회전판은 1, 2, 두 번째 회전판은 1, 2, 3, 세 번째 회전판은 1, 2, 3, 4, 네 번째 회전판은 1, 2, 3, 4, 5, 다섯 번째 회전판은 1, 2, 3, 4, 5, 6이 1을 기준으로 시계방향으로 숫자가 적혀있고, 현재 첫 번째 회전판은 1을, 두 번째 회전판은 2를, 세 번째 회전판은 3을, 네 번째 회전판은 4를, 다섯 번째 회전판은 5를 가리키고 있다. 이 5 종류의 회전판과 한 개의 주사위를 사용하여 다음 시행을 한다.

주사위를 한 번 던져 나온 눈의 수가 k일 때, $k > 1$이면 $(k-1)$번째 회전판을 시계 반대 방향으로 한 칸씩 옮기고, $k=1$이면 모든 회전판을 시계방향으로 한 칸 옮긴다.

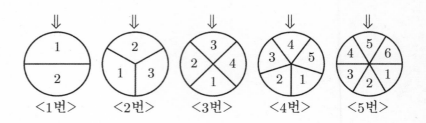

$\qquad$ <1번> $\qquad$ <2번> $\qquad$ <3번> $\qquad$ <4번> $\qquad$ <5번>

주사위를 8번 이하로 던져 위 시행을 반복한 후 이 모든 회전판이 같은 숫자를 가리키면 시행을 멈춘다. 모든 회전판의 숫자가 같을 확률은 $\dfrac{p}{q} \times \left(\dfrac{1}{6}\right)^6$일 때, $2 \times \dfrac{p}{q}$의 값을 구하시오. [4점]

* 확인 사항
○ 답안지의 해당란에 필요한 내용을 정확히 기입(표기)했는지 확인 하시오.
○ 이어서, 「선택과목(미적분)」 문제가 제시되오니, 자신이 선택한 과목인지 확인하시오.

제2교시

수학 영역(미적분)

5지선다형

23. 함수 $f(x)=\dfrac{ax}{\ln x}$ $(x>1)$에 대하여 $f'(e^3)=2$일 때, 상수 a의 값은? [2점]

① 9   ② 8   ③ 7   ④ 6   ⑤ 5

24. 수열 $\{a_n\}$과 $\{b_n\}$이

$$\lim_{n\to\infty} a_n b_n = 3, \quad \lim_{n\to\infty} a_n = \infty$$

를 만족시킬 때, $\lim_{n\to\infty}\{a_n(b_n)^2 - 3a_n b_n - b_n + 3\}$의 값은?

(단, $a_n \neq 0$) [3점]

① -6 ② -2 ③ 0 ④ 2 ⑤ 6

25. $f(4-x) = f(x)$을 만족시키는 함수 $f(x)$가

$$\int_0^4 f(x)\,dx = 7$$일 때, $\int_0^4 xf(x)\,dx$의 값은? [3점]

① 12   ② 14   ③ 16   ④ 18   ⑤ 20

26. 그림과 같이 곡선 $y = \sqrt{\dfrac{2e^x}{e^x + e^{-x}}}$와 x축 및

두 직선 $x = -\ln 2$, $x = \ln 2$로 둘러싸인 부분을 밑면으로 하는 입체도형이 있다. 이 입체도형을 x축에 수직인 평면으로 자른 단면이 모두 정사각형일 때, 이 입체도형의 부피는? [3점]

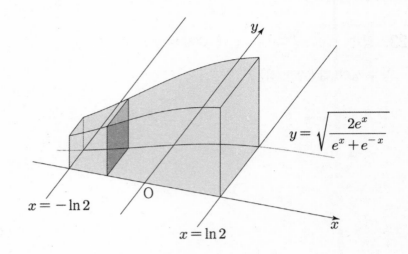

① $\ln 2$ ② $\ln 3$ ③ $2\ln 2$ ④ $\ln 5$ ⑤ $\ln 6$

27. $f(0)=-2$이고 최고차항의 계수가 1인 삼차함수 $f(x)$에 대하여 함수 $g(x)$를

$$g(x)=f(e^x-1)+2e^x$$

이라 하자. 함수 $g(x)$가 역함수 $h(x)$를 갖고 곡선 $y=h(x)$ 위의 점 $(0, h(0))$에서의 접선이 y축일 때, $h'(27)$의 값은? [3점]

① $\dfrac{1}{84}$　　② $\dfrac{1}{42}$　　③ $\dfrac{1}{28}$　　④ $\dfrac{1}{21}$　　⑤ $\dfrac{5}{84}$

28. 실수 전체의 집합에서 미분가능한 함수 $f(x)$의 도함수 $f'(x)$가

$$f'(x)=e^x+e^{x^2}$$

이다. 양수 t에 대하여 곡선 $y=f(x)$ 위의 점 $(t, f(t))$에서의 접선과 곡선 $y=f(x)$ 및 y축으로 둘러싸인 부분의 넓이를 $g(t)$라 할 때, $g'(1)-g(1)$의 값은? [4점]

① $\dfrac{e-1}{2}$　　② $e-\dfrac{1}{2}$　　③ $e+\dfrac{1}{2}$

④ $\dfrac{3e-1}{2}$　　⑤ $\dfrac{3e+1}{2}$

29. 등비수열 $\{a_n\}$이

$$\sum_{n=1}^{\infty}(|a_n|-2a_n)=2,\ \sum_{n=1}^{\infty}(2|a_n|-a_n)=10$$

을 만족시킨다. 부등식

$$\sum_{k=1}^{\infty}\left(\frac{1+(-1)^k}{2}\times a_{m+k}\right)>\frac{1}{1000}$$

을 만족시키는 모든 홀수인 자연수 m의 값의 합을 구하시오.

[4점]

30. 두 상수 $a,\ b(0\le b\le 2)$에 대하여 함수
$f(x)=\sin(2ax+b\pi+\pi\cos x)$가 다음 조건을 만족시킨다.

(가) $f(0)=0,\ f\left(\dfrac{\pi}{2}\right)=(a+b)\pi$

(나) $f'(0)<0$

$\displaystyle\int_{\frac{\pi}{3}}^{\frac{\pi}{2}}(2+\pi\sin x)f(x)dx=m+n\sqrt{3}$ 일 때, $\dfrac{m}{n}+a^2+b^2$의 값을
구하시오. (단, m와 n는 유리수이다.) [4점]

---

* 확인 사항

○ 답안지의 해당란에 필요한 내용을 정확히 기입(표기)했는지 확인
　하시오.

○ 이어서, 「**선택과목(기하)**」 문제가 제시되오니, 자신이 선택한
　과목인지 확인하시오.

제 2 교시

5지선다형

23. 두 벡터 $\vec{a} = (5,\ 3)$, $\vec{b} = (2,\ 1)$에 대하여 벡터 $\vec{a} - \vec{b}$의 모든 성분의 합은? [2점]

① 1   ② 2   ③ 3   ④ 4   ⑤ 5

24. 준선이 $x = 2$인 포물선 $y^2 = 4p(x-1)$이 점 $(k, 8)$을 지날 때, 두 상수 p와 k에 대하여 $p+k$의 값은? [3점]

① -13 ② -14 ③ -15 ④ -16 ⑤ -17

25. 포물선 $y^2 = 8x$ 와 타원 $\dfrac{x^2}{a^2} + \dfrac{y^2}{b^2} = 1$이 서로 만나는

점에서의 두 접선이 서로 수직이다. $\dfrac{b^2}{a^2}$ 의 값은? [3점]

① $\dfrac{1}{2}$　　② $\dfrac{3}{4}$　　③ $\dfrac{5}{4}$　　④ $\dfrac{3}{2}$　　⑤ 2

26. 그림과 같이 한 모서리의 길이가 24인 정사면체 ABCD에서 선분 BD를 $3:1$로 내분하는 점을 P, 선분 CD를 $3:1$로 내분하는 점을 Q라 하자. 평면 APQ와 평면 BCQP가 이루는 예각의 크기를 x라 할 때, $\cos x$의 값은? [3점]

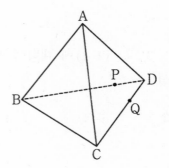

① $\dfrac{\sqrt{17}}{51}$　② $\dfrac{\sqrt{17}}{17}$　③ $\dfrac{5\sqrt{17}}{51}$　④ $\dfrac{7\sqrt{17}}{51}$　⑤ $\dfrac{3\sqrt{17}}{17}$

27. 그림과 같이 $\overline{AB}=8$, $\overline{AD}=3\sqrt{2}$ 인 직육면체 ABCD−EFGH에 대하여 선분 AD와 선분 FG를 2 : 1로 내분하는 점을 각각 M, N이라 하자. $\overline{AD}<\overline{BF}$ 이고 삼각형 BMN이 이등변삼각형일 때, 삼각형 BMN에 내접하는 원의 평면 EFGH 위로의 정사영의 넓이는? [3점]

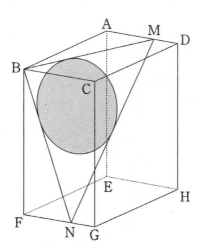

① $\dfrac{12\sqrt{10}}{25}\pi$ ② $\dfrac{13\sqrt{10}}{25}\pi$ ③ $\dfrac{14\sqrt{10}}{25}\pi$

④ $\dfrac{3\sqrt{10}}{5}\pi$ ⑤ $\dfrac{16\sqrt{10}}{25}\pi$

28. 좌표공간에 직사각형 ABCD와 $\overline{AC}$를 지름으로 하는 구 S가 있다. $\overline{AB}=2$, $\overline{BC}=4$이고 점 D에서 $\overline{AC}$에 내린 수선의 발을 H라 할 때, $\overline{EH}=\overline{DH}$, $\overline{AC}\perp\overline{HE}$, $\angle EHD=\dfrac{\pi}{3}$를 만족하는 점 E가 있다. 세 점 E, H, D를 지나는 원을 O라 하고, 원 O 위의 점 E에서 직선 BD까지의 최단거리는? [4점]

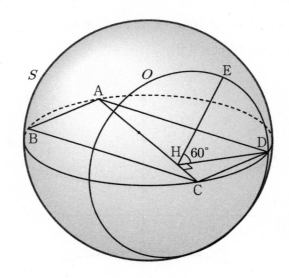

① $\dfrac{4\sqrt{105}}{25}$ ② $\dfrac{2\sqrt{105}}{25}$ ③ $\dfrac{\sqrt{105}}{25}$

④ $\dfrac{2\sqrt{105}}{5}$ ⑤ $\dfrac{4\sqrt{105}}{5}$

29. 두 초점이 $F(0, c)$, $F'(0, -c)(c > 0)$인 쌍곡선

$\dfrac{x^2}{24} - y^2 = -1$이 있다. 이 쌍곡선 위에 있는 제2사분면 위의

점 P에 대하여 직선 PF 위에 $\overline{PQ} = \overline{PF}$인 점 Q를 잡자. 이때,

선분 F′Q의 길이가 10일 때, $\triangle PQF'$의 넓이를 구하시오.

(단, $\overline{PF} < \overline{QF}$ 이다.) [4점]

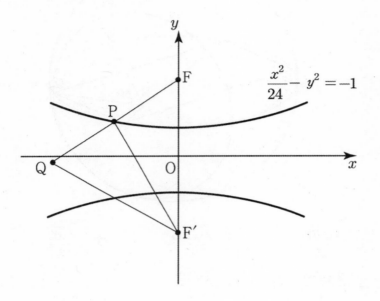

30. 한 평면 위에 있는 정육각형 ABCDEF와 점 P가 다음 조건을 만족시킨다.

(가) $2\overrightarrow{AB} - 5\overrightarrow{PE} = 5\overrightarrow{ED} - 2\overrightarrow{FA}$

(나) $|\overrightarrow{BA} + \overrightarrow{EA}| = 10$

사각형 BFPD의 넓이가 $\dfrac{q}{p}\sqrt{3}$일 때, $p+q$의 값을 구하시오.

(단, p, q는 자연수이다.) [4점]

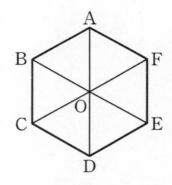